剪映AI全面应用

AI文案写作+AI直接绘图+AI视频生成+AI剪辑配音

冯文超　王剑霞　马鸣◎编著

清華大學出版社
北 京

内 容 简 介

本书深入介绍了剪映软件的AI功能，从AI文案写作、AI直接绘图、AI视频生成到AI剪辑配音，帮助读者快速掌握视频制作的各个环节，提升创作效率与作品质量。

本书的主要内容如下。

AI文案写作：讲解了AI如何辅助文案创作，从智能包装到营销文案的生成，解决“写什么”和“怎么写”的问题。

AI绘图技能：揭示了即使没有绘画基础，也能通过AI直接绘图，创作出专业级别的作品。

AI视频生成：介绍了如何利用AI快速生成视频，包括图文成片、一键成片以及模板应用，大大缩短了视频制作周期。

AI剪辑与配音：阐述了AI在视频剪辑和配音中的应用，从基础剪辑到特效制作，再到个性化配音，全面提升视频的专业度和吸引力。

本书适合喜欢拍摄与剪辑短视频的人、视频制作专业人士、AI短视频爱好者、企业营销人员、自媒体创作者等人群，特别是想运用AI技术快速进行剪辑、制作爆款短视频效果的人，同时也可以作为视频剪辑相关专业的教材。

图书在版编目(CIP)数据

剪映AI全面应用：AI文案写作+AI直接绘图+AI视频生成+AI剪辑配音 / 冯文超，王剑霞，马鸣编著. -- 北京：清华大学出版社，2025. 5. -- ISBN 978-7-302-62434-9

Ⅰ. TP317.53

中国国家版本馆CIP数据核字第2025V8Z772号

责任编辑：韩宜波
封面设计：杨玉兰
责任校对：李玉萍
责任印制：宋　林

出版发行：清华大学出版社
网　　址：https://www.tup.com.cn，https://www.wqxuetang.com
地　　址：北京清华大学学研大厦A座　　**邮　　编**：100084
社 总 机：010-83470000　　**邮　　购**：010-62786544
投稿与读者服务：010-62776969，c-service@tup.tsinghua.edu.cn
质 量 反 馈：010-62772015，zhiliang@tup.tsinghua.edu.cn
印 装 者：涿州汇美亿浓印刷有限公司
经　　销：全国新华书店
开　　本：190mm×260mm　　**印　　张**：14　　**字　　数**：341千字
版　　次：2025年6月第1版　　**印　　次**：2025年6月第1次印刷
定　　价：99.00元

产品编号：107468-01

前　言

市场优势

随着5G网络的进一步普及和短视频平台技术的持续创新，短视频的播放速度和流畅度有了显著提升，用户体验不断优化。越来越多的创作者开始利用AI技术，结合自身创意，制作出更具个性化和吸引力的短视频内容。

数字化和虚拟化技术的快速发展，为AI短视频的生成带来了更广阔的应用前景。AI短视频的应用场景不断扩展，从娱乐、教育到商业广告等多个领域，AI短视频正成为内容创新和信息传播的重要工具。

AI技术已经成为短视频剪辑制作的得力助手，它不仅提高了制作效率，降低了技术门槛，更通过智能化的编辑和创意功能，为创作者提供了无限的可能性。随着AI技术的不断进步，我们有理由相信，短视频创作将迎来更加繁荣和创新的新时代。

软件优势

随着AI技术的不断进步，剪映也迎来了新的革新，从AI抠图到AI绘画、AI特效和数字人制作。在AI生成图片的技术上，剪映始终不断地在创新；如今，在视频领域也是取得了更大的突破。随着虚拟人技术的出现和成熟，视频中即使没有真人出镜，也能进行讲解。

对于视频文案脚本而言，在AI的帮助下，剪映让文案的生成变得更加简单和方便。总之，剪映AI技术的成熟，极大地提高了短视频制作的效率。

剪映不仅有手机版，而且还有电脑版。剪映电脑版功能很强大，操作起来比Premiere、达芬奇、AE等软件更加方便和快捷。目前，剪映大部分的AI技术在两个版本中都能使用。

现如今，我国要加快建设现代化产业体系，构建人工智能等一批新的增长引擎，加快发展数字经济，促进数字经济和实体经济的深度融合，以中国式现代化全面推进中华民族的伟大复兴。

在这场AI浪潮中，用户只有学会更多的AI短视频制作技巧，才能不落伍，并争取不断创新，创作出更多让人喜闻乐见的短视频作品。

本书特色

这是一本AI剪映学习教程，全书共分为11章，涵盖了AI文案写作、AI直接绘图、AI视频生成、AI图文成片、AI一键成片、AI模板与剪同款、AI生成数字人、AI基础剪辑、AI特效剪辑、AI抠像剪辑以及AI配音等智能剪辑技巧，旨在帮助读者快速成为AI短视频剪辑高手。

全面覆盖的AI视频创作流程：本书从AI文案写作起步，详细解释了如何利用剪映软件中的AI功能创作吸引人的视频脚本，包括智能包装文案、文案推荐、讲解文案以及营销文案的生成。接着介绍了AI直接绘图功能，让读者能够快速掌握如何使用提示词绘画技巧，创作个性化的图像作品。此外还深入探讨了即梦AI绘画工具的使用，图文成片、一键成片等视频生成技巧，以及AI模板与剪同款功能，使读者能够快速生成具有专业水准的视频内容。

深入解析AI剪辑与特效应用：本书深入讲解了AI基础剪辑功能，如智能裁剪、字幕识别、抠像、补帧和调色等，使视频编辑变得更加便捷和高效。同时也详细介绍了AI特效剪辑功能，包括通过描述词和特效模型进行创作，以及如何生成古风人物、机甲少女等图像，为视频添加独特的视觉效果。此外，通过对AI抠像剪辑功能的介绍，让读者能够学习如何制作绿幕素材和更换人物背景，进一步提升视频的专业度。

丰富的资源与实战案例结合：本书不仅提供了理论知识，更通过实战案例，如AI生成数字人、智能配音等，让读者能够将所学知识应用于实践。书中的每个技巧都配有详细的操作步骤和实战演练，确保读者能够快速上手并掌握 AI 视频创作的各个环节。此外，随书附赠的 140 多分钟教学视频、270 多个素材效果文件等资源，为用户提供了丰富的学习资料，使得学习过程更加直观和高效。

学完整本书，无论是新手，还是有一定基础的剪辑爱好者，都将有机会成为短视频 AI 剪辑领域的高手，开启创意无限的视频创作之旅。

温馨提示

版本更新：本书在编写时，实际操作图片是基于当前各种 AI 工具和软件的界面截取的，但本书从编辑到出版需要一段时间，这些工具的功能和界面可能会有所变动，读者在阅读时，应根据书中的思路，举一反三地进行学习。其中，剪映电脑版为 5.9.0 版，剪映手机版为 14.1.0 版。

提示词的定义：提示词也称为关键字、关键词、描述词、输入词、代码等，大部分用户也将其称为“咒语”。

提示词的使用：在剪映中输入提示词的时候，尽量使用中文，因为剪映目前无法识别英文提示词。但需要注意的是，每个关键词中间最好添加空格或逗号，这样生成的内容会更加精准。

关于效果生成：即使是相同的提示文字，剪映每次生成的文案也不一样；即使是相同的文案，剪映每次生成的图片和视频也不一样；即使是相同的图片，剪映每次生成的图片和视频效果可能都会有细微的变动。

关于会员功能：剪映中的大部分 AI 功能，需要开通剪映会员才能使用，虽然有些功能有免费的试用次数，但是开通会员之后，就可以无限使用。对于剪映深度用户，建议开通会员，这样就能使用更多的功能和得到更多的玩法体验。

资源获取

本书提供了大量技能实例的素材文件、效果文件、视频文件以及提示词，同时还赠送 DeepSeek 最新技巧总结，即梦、可灵、海螺 AI 短视频制作教程，DeepSeek+ 即梦、DeepSeek+ 剪映一键生成教学视频，Sora 部署视频生成实战，扫一扫下面的二维码，推送到自己的邮箱后下载获取。

素材

视频 1

效果、视频 2

提示词、赠送资源

作者信息

本书由冯文超、王剑霞、马鸣编写，其中，兰州职业技术学院的冯文超老师编写了第 2、4、7、9、10 章，共计 120 千字；兰州职业技术学院的王剑霞老师编写了第 5、8、11 章，共计 102 千字；兰州职业技术学院的马鸣老师编写了第 1、3、6 章，共计 102 千字。提供视频素材和拍摄帮助的人员有吴梦梦、邓陆英、徐必文、向小红、苏苏、燕羽、巧慧等人，在此表示感谢。

由于作者知识水平有限，书中难免有疏漏之处，恳请广大读者批评、指正。

编　者

目 录

第 1 章　AI 文案写作功能，写出吸引人的视频脚本

第 2 章　AI 直接绘图功能，人人都能成为绘画大师

第 3 章　即梦 AI 绘画，用网页版以文生图

第 11 章 AI 配音功能，改变音色为短视频配音

第1章

AI文案写作功能，写出吸引人的视频脚本

章前知识导读

一段优秀的文案能够为视频注入灵魂。当你面对一段视频，不知道输入什么文案来表达视频内容和传递信息时，就可以使用剪映中的AI文案写作功能。剪映甚至还可以智能写讲解文案和口播文案，帮助更多的个人和自媒体运营短视频人员。

新手重点索引

- 什么是AI文案写作
- 学会使用AI生成脚本文案
- 掌握图文成片智能写文案的技巧
- 编辑AI视频脚本文案

效果图片欣赏

1.1 什么是 AI 文案写作

AI（Artificial Intelligence，人工智能）文案写作是指利用人工智能技术来创作文本内容的一种服务或工具。这种技术通常基于自然语言处理和机器学习算法，能够分析用户输入的关键词、主题或需求，然后自动生成相应的文本，如广告文案、社交媒体帖子、产品描述以及新闻报道等。

本节将为读者介绍剪映的 AI 文案写作。

1.1.1 剪映中的 AI 文案写作是什么

剪映中的 AI 文案写作是一项智能化功能，旨在帮助用户快速生成符合需求的文案，提高视频制作的效率。剪映的 AI 文案写作功能提供了多种文案类型，包括写讲解文案、写营销文案以及根据画面推荐文案等，如图 1-1 所示。

用户可以输入口播文案的主题，如“剪映专业版视频教程推广”，AI 将生成相关的口播文案。用户还可以输入产品名称及卖点，AI 将生成符合产品特性的营销文案。画面推荐文案功能，可以依据用户选择的画面内容，推荐一句符合画面的文案。

除此之外，剪映还有图文成片功能。该功能不仅可以自由编辑文案，还可以选择智能文案中的情感关系、励志鸡汤、美食教程、美食推荐、营销广告、家居分享、旅行感悟、旅行攻略以及生活记录等文案类型，如图 1-2 所示。AI 会根据选择的文案类型来智能匹配视频和图片素材，从而生成用户需要的内容。

图 1-1 示意图（1）

图 1-2 示意图（2）

专家指点

剪映手机版和电脑版的功能略有不同，手机版中的 AI 文案写作功能有 3 个：写讲解文案、写营销文案和写推荐文案；电脑版的 AI 文案写作功能只有两个：写口播文案和写营销文案。图文成片则具备写多种文案的功能。

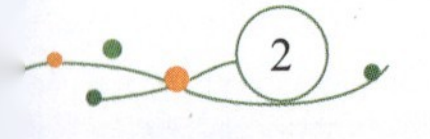

1.1.2 剪映中的 AI 文案写作有什么作用

剪映 AI 文案写作工具可以为用户提供便捷、高效、高质量的文案创作服务，帮助用户更好地表达自己的想法和需求，该功能主要有 5 个作用，如图 1-3 所示。

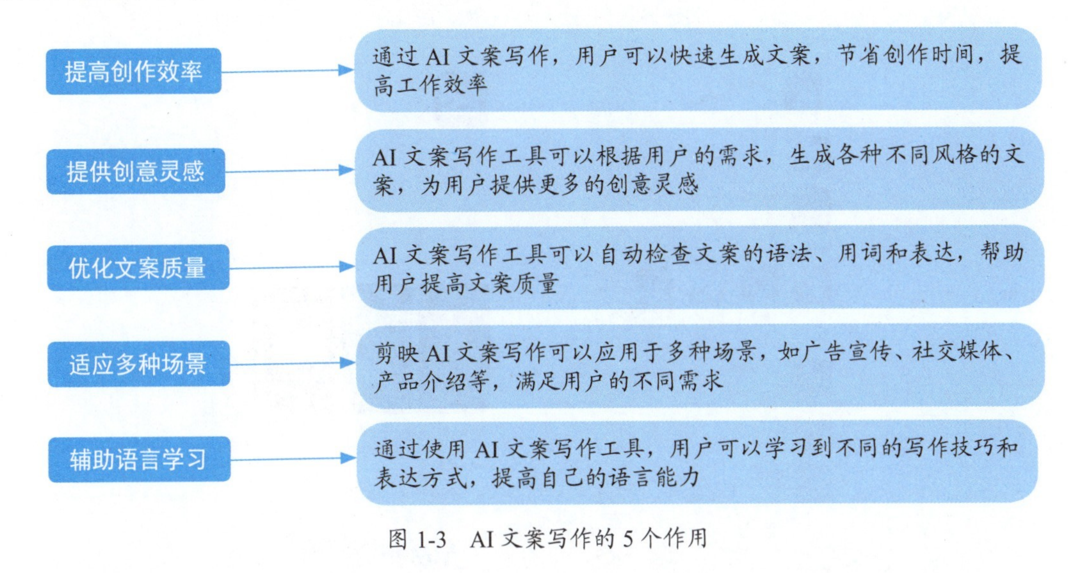

图 1-3 AI 文案写作的 5 个作用

1.2 学会使用 AI 生成脚本文案

在剪映中使用 AI 功能生成脚本文案时，要想生成的文案符合用户的要求，有些功能还需要输入一定的提示词，这样剪映的 AI 功能才能更精准地进行智能分析，并整合出用户所需要的文案内容。本节将为读者介绍 AI 功能生成脚本文案的操作方法。

1.2.1 掌握智能包装文案功能

【效果展示】：所谓包装，就是让视频的内容更加丰富、形式更加多样。剪映中的“智能包装”功能，可以一键为视频添加文字，并进行包装，该功能目前仅支持剪映手机版，每次生成的文案也会有差异，效果展示如图 1-4 所示。

扫码看教学

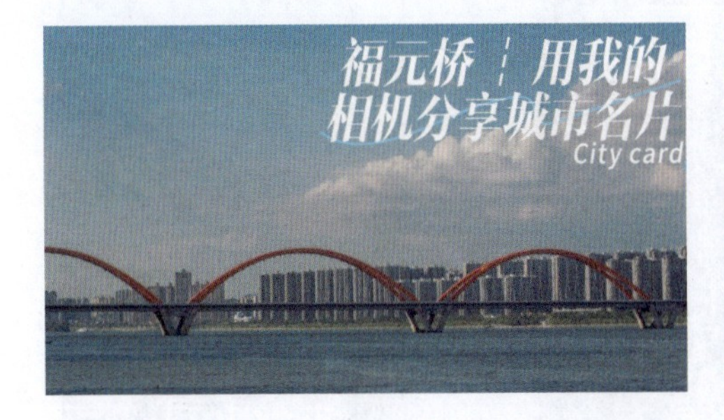

图 1-4 效果展示

下面介绍在剪映手机版中使用智能包装文案功能的操作方法。

STEP 01 在手机中打开应用市场 App，①在搜索栏中输入并搜索“剪映”；②在搜索结果中点击剪映右侧的“安装”按钮，如图 1-5 所示。

STEP 02 下载安装成功之后，在其中的界面中点击“打开”按钮，如图 1-6 所示。

图 1-5 点击“安装”按钮　　图 1-6 点击“打开”按钮

STEP 03 进入剪映手机版，点击“抖音登录”按钮，如图 1-7 所示，登录剪映账号。

STEP 04 为了导入视频，进入“剪辑”界面，点击“开始创作”按钮，如图 1-8 所示。

STEP 05 ①在“视频”选项卡中选择视频素材；②选中“高清”复选框；③点击“添加”按钮，如图 1-9 所示，添加视频。

图 1-7 点击“抖音登录”按钮

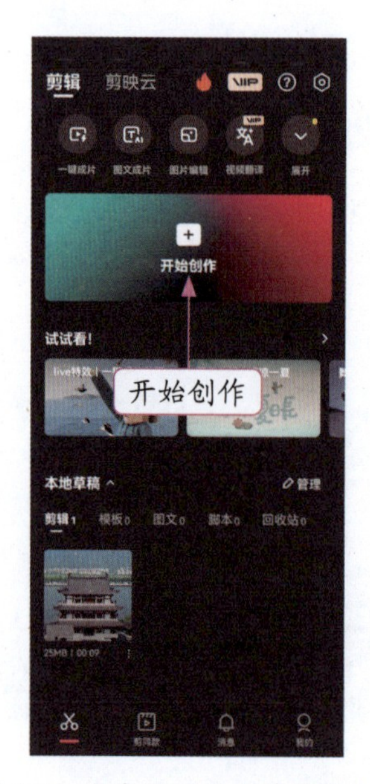

图 1-8 点击“开始创作”按钮

图 1-9 点击“添加”按钮

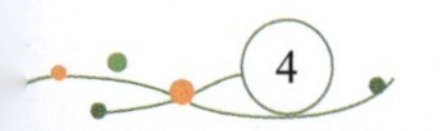

STEP 06 导入视频后，点击“文字”按钮，如图 1-10 所示。

STEP 07 在弹出的二级工具栏中点击“智能包装”按钮，如图 1-11 所示。

图 1-10 点击“文字”按钮

图 1-11 点击“智能包装”按钮

STEP 08 弹出相应的进度提示，生成智能文字模板，点击“编辑”按钮，如图 1-12 所示。

STEP 09 弹出相应的面板，为了修改英文文字，点击⇅按钮，如图 1-13 所示。

图 1-12 点击“编辑”按钮

图 1-13 点击⇅按钮

专家指点

在导入素材的时候，用户如果想要提升智能包装文案的成功率，应尽量选用时长小于 10 秒，且画质清晰、有背景音乐的素材。

STEP 10 ❶修改英文文字；❷点击☑按钮，如图 1-14 所示。

STEP 11 为了调整视频的时长，❶选择视频素材；❷在文字素材的末尾位置点击“分割”按钮，分割视频；❸点击“删除”按钮，如图 1-15 所示，删除多余的视频片段。

图 1-14　点击☑按钮

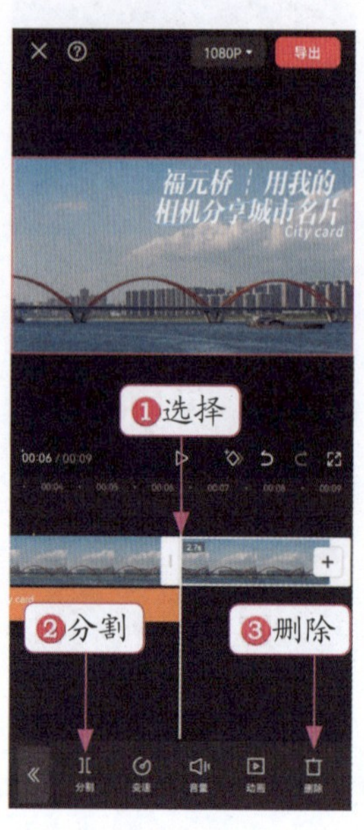

图 1-15　点击“删除”按钮

1.2.2　掌握智能文案推荐功能

【效果展示】：在剪映中使用智能文案推荐功能时，系统会根据视频内容，推荐很多条文案，用户也可以根据需要重新生成文案，最后选择自己最满意的一条进行使用即可，效果展示如图 1-16 所示。

扫码看教学

图 1-16　效果展示

下面介绍在剪映手机版中使用智能文案推荐功能的操作方法。

STEP 01 在剪映手机版中导入一段视频素材，在一级工具栏中点击“文字”按钮，如图 1-17 所示。

STEP 02 在弹出的二级工具栏中，点击“智能文案”按钮，如图 1-18 所示。

STEP 03 弹出“智能文案”面板，为了使用剪映推荐的文案，点击“文案推荐”按钮，如图 1-19 所示。

专家指点

文案推荐功能目前仅支持剪映手机版使用，用户使用时也可以根据需要多次生成文案，选择最满意的文案即可。

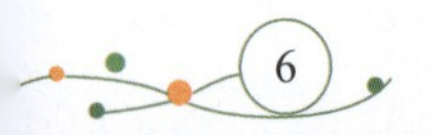

图 1-17　点击“文字”按钮

图 1-18　点击“智能文案”按钮

图 1-19　点击“文案推荐”按钮

STEP 04 界面中弹出相应的推荐文案，❶根据需要，选择一条合适的文案；❷点击⊙按钮，如图 1-20 所示。

STEP 05 为了修改文案的样式，点击下方工具栏中的“编辑”按钮，如图 1-21 所示。

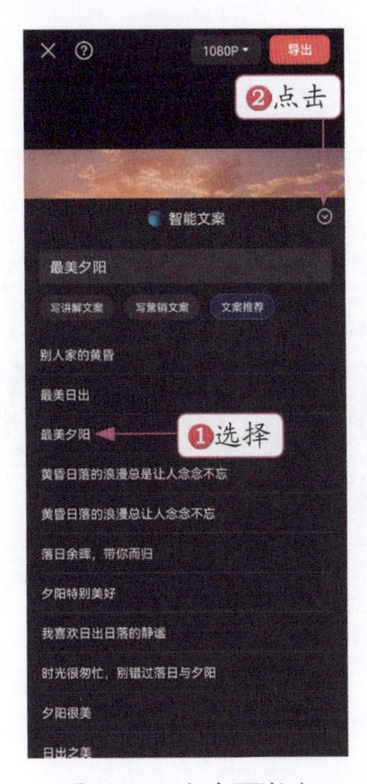

图 1-20　点击⊙按钮

图 1-21　点击“编辑”按钮

STEP 06 ❶切换至“文字模板”下面的“片头标题”选项卡；❷选择一款合适的文字模板；❸调整文字的大小和位置；❹点击☑按钮，如图 1-22 所示。

STEP 07 调整文字的时长，使其对齐视频的时长，如图 1-23 所示。

图 1-22　点击☑按钮

图 1-23　调整文字的时长

1.2.3　掌握智能写讲解文案功能

【效果展示】：本案例是使用剪映中的“智能文案”功能，让其撰写一段讲解落日拍摄技巧的短视频脚本文案。手机版和电脑版的称呼有所差异，手机版叫“写讲解文案”，电脑版叫“写口播文案”。不过，使用AI生成的文案每次都会有些许差异，用户只需要选择自己最满意的一条文案进行使用即可，效果展示如图 1-24 所示。

图 1-24　效果展示

①　在剪映手机版中制作视频

下面介绍在剪映手机版中写讲解文案的操作方法。

扫码看教学

STEP 01　在剪映手机版中导入视频，在下方的一级工具栏中点击“文字”按钮，如图 1-25 所示。

STEP 02　在弹出的二级工具栏中，点击“智能文案”按钮，如图 1-26 所示。

STEP 03　弹出“智能文案”面板，①点击“写讲解文案”按钮；②输入“写一篇介绍拍摄落日技巧的文案，50 字”；③点击➡按钮，如图 1-27 所示。

图 1-25 点击“文字”按钮

图 1-26 点击“智能文案”按钮

图 1-27 点击➜按钮

STEP 04 弹出进度提示，稍等片刻后生成文案内容，用户如果感到不满意，还可以重新生成文案，在选择满意的文案后点击“确认”按钮，如图 1-28 所示。

STEP 05 弹出相应的面板，❶选择“文本朗读”选项；❷点击“添加至轨道”按钮，如图 1-29 所示。

STEP 06 弹出“音色选择”面板，为了给文案配音，❶选择“播音旁白”选项；❷点击✓按钮，如图 1-30 所示。

图 1-28 点击“确认”按钮

图 1-29 点击“添加至轨道”按钮

图 1-30 点击✓按钮

STEP 07 为了修改文案样式，点击“编辑字幕”按钮，如图 1-31 所示。

STEP 08 把文案中的多余分号去除，❶选择第 1 段文字；❷点击 Aa 按钮，如图 1-32 所示。

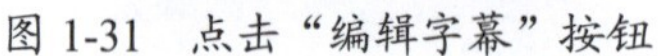

图 1-31　点击“编辑字幕”按钮　　　图 1-32　点击 Aa 按钮

STEP 09 ❶切换至“字体”，再切换到其中的“热门”选项卡；❷选择合适的字体，如图 1-33 所示。

STEP 10 ❶切换至“样式”选项卡；❷选择一个样式；❸设置“字号”参数为 8，稍微放大点文字，如图 1-34 所示。

图 1-33　选择合适的字体　　　图 1-34　设置“字号”参数

❷ 在剪映电脑版中制作视频

下面介绍在剪映电脑版中写讲解文案的操作方法。

扫码看教学

STEP 01 在电脑自带的浏览器中搜索并打开剪映官网，在页面中单击“立即下载”按钮，如图 1-35 所示。

图 1-35　单击“立即下载”按钮

STEP 02 弹出“新建下载任务”对话框，单击“直接打开”按钮，如图 1-36 所示。

STEP 03 下载并安装成功后，进入剪映电脑版首页，单击左上方的“点击登录账户”按钮，如图 1-37 所示。

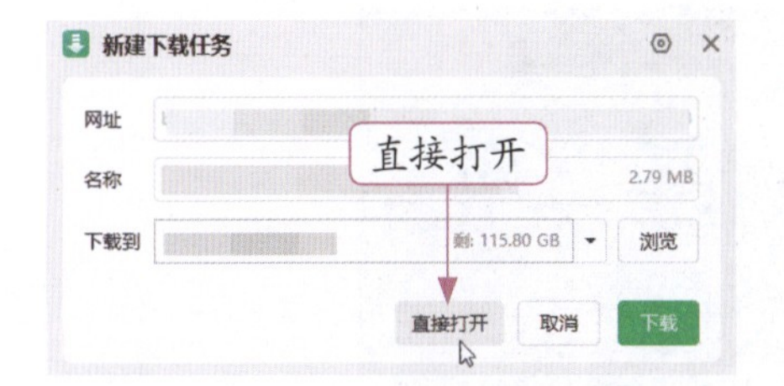

图 1-36　单击“直接打开”按钮

图 1-37　单击“点击登录账户”按钮

STEP 04 弹出登录对话框，电脑版有两种登录方式，用户可以单击“通过抖音登录”按钮，如图 1-38 所示，登录剪映账号。

STEP 05 登录完成后，进入首页，单击“开始创作”按钮，如图 1-39 所示。

图 1-38　单击“通过抖音登录”按钮

图 1-39　单击“开始创作”按钮

STEP 06 弹出界面后，在“本地”选项卡中导入视频素材，单击视频素材右下角的“添加到轨道”按钮 ，把视频素材添加到视频轨道中，如图 1-40 所示。

STEP 07 为了添加文案，❶单击“文本”按钮，进入“文本”功能区；❷单击“默认文本”右下角的“添加到轨道”按钮 ，如图 1-41 所示，添加文本。

图 1-40　单击“添加到轨道”按钮（1）

图 1-41　单击“添加到轨道”按钮（2）

STEP 08 ❶单击“智能文案”按钮；❷单击“写口播文案”按钮；❸输入“写一篇介绍拍摄落日技巧的文案，50字”；❹单击按钮，如图 1-42 所示。

图 1-42　单击按钮

STEP 09 弹出进度提示并稍等片刻，将弹出“智能文案”对话框，生成文案内容，然后单击“确认”按钮，如图 1-43 所示。

STEP 10 为了给文案配音，❶单击“朗读”按钮，进入“朗读”操作区；❷选择“播音旁白”选项；❸单击“开始朗读”按钮，如图 1-44 所示。

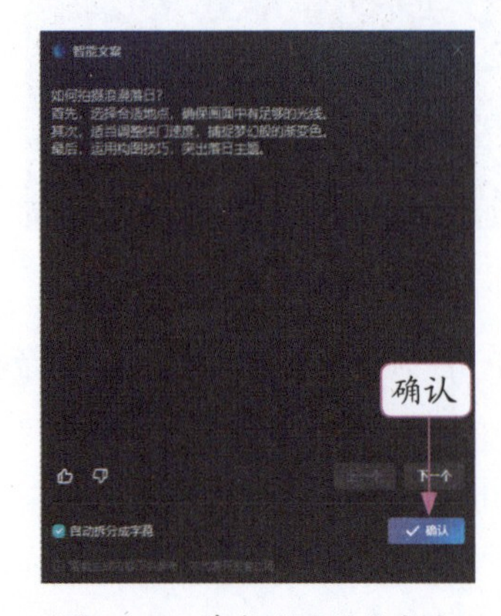

图 1-43　单击“确认”按钮

图 1-44　单击“开始朗读”按钮

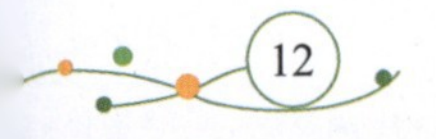

STEP 11 生成音频素材后，❶调整音频素材和文案文本的轨道时长和位置，缩小它们之间的间隔；❷选择视频素材；❸在音频素材的末尾位置单击“向右裁剪”按钮，如图 1-45 所示，删除不需要的视频片段。

STEP 12 为了删除多余的文字，❶选择“默认文本”；❷单击“删除”按钮，如图 1-46 所示，删除文本。

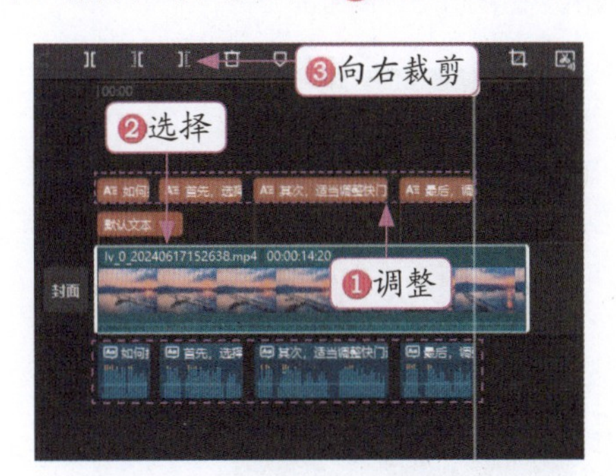

图 1-45 单击“向右裁剪”按钮

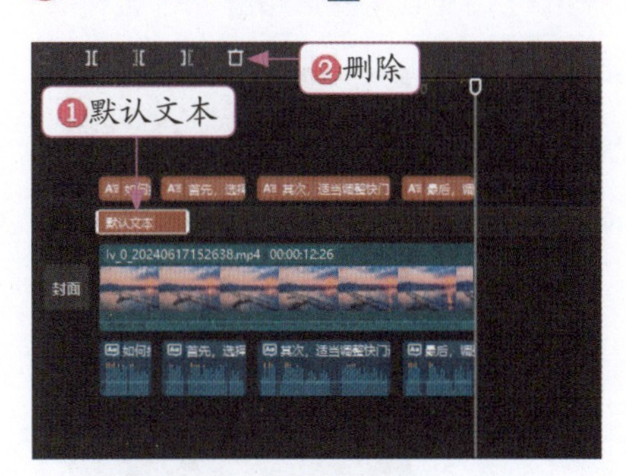

图 1-46 单击“删除”按钮

STEP 13 为了调整文字的大小、位置和样式，选择第 1 段文字，❶在“文本”操作区中更改字体；❷选择一个样式；❸设置“字号”参数为 8，调整文字的大小；❹调整文字的位置，如图 1-47 所示。

图 1-47 调整文字的位置

1.2.4 掌握智能写营销文案功能

【效果展示】：在剪映中使用 AI 功能写营销文案时，也需要输入相应的提示词，这样系统才能写出满足用户需求的文案，并生成相应的字幕，效果展示如图 1-48 所示。

图 1-48 效果展示

❶ 在剪映手机版中制作视频

下面介绍在剪映手机版中写营销文案的操作方法。

扫码看教学

STEP 01 在剪映手机版中导入视频，在一级工具栏中点击“文字”按钮，如图 1-49 所示。

STEP 02 在弹出的二级工具栏中点击“智能文案”按钮，如图 1-50 所示。

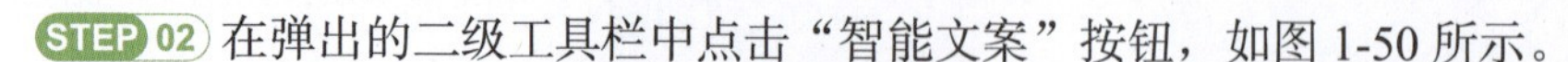

图 1-49 点击“文字”按钮

图 1-50 点击“智能文案”按钮

STEP 03 弹出“智能文案”面板，❶点击“写营销文案”按钮；❷输入产品名称“游乐园”、产品卖点“过山车、摩天轮、旋转木马，100 字”；❸点击➔按钮，如图 1-51 所示。

STEP 04 稍等片刻，即可生成文案内容，然后点击“确认”按钮，如图 1-52 所示。

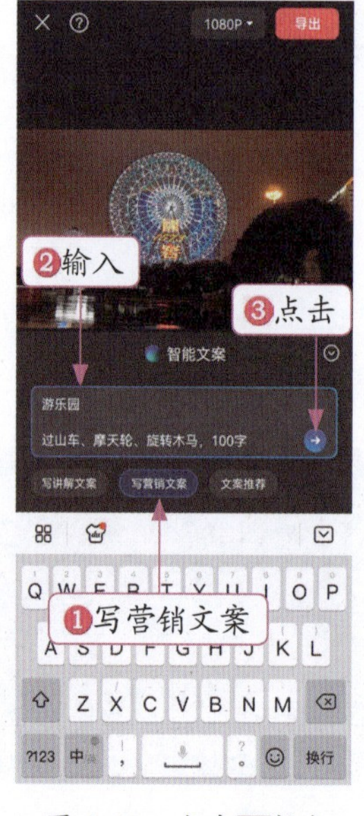

图 1-51 点击➔按钮

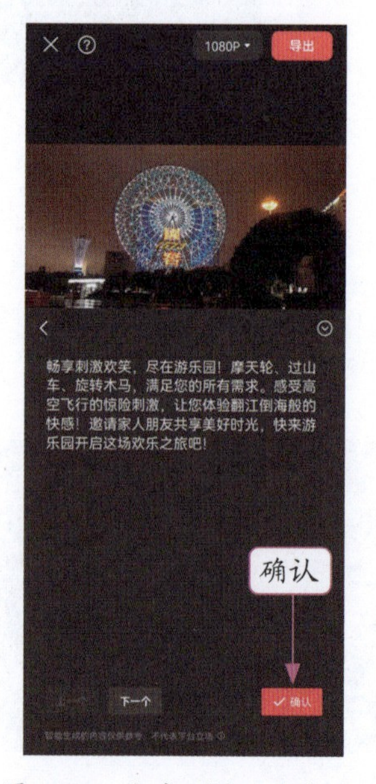

图 1-52 点击“确认”按钮

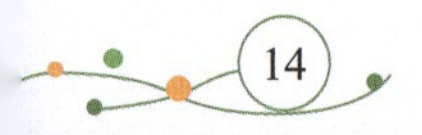

STEP 05 弹出相应的面板，❶选择“文本朗读”选项；❷点击“添加至轨道”按钮，如图 1-53 所示。

STEP 06 弹出“音色选择”面板，为了给文案配音，❶选择“播音旁白”选项；❷点击☑按钮，如图 1-54 所示。

图 1-53　点击“添加至轨道”按钮

图 1-54　点击☑按钮

STEP 07 为了修改文案样式，点击“编辑字幕”按钮，如图 1-55 所示。

STEP 08 ❶选择第 1 段文字；❷点击 Aa 按钮，如图 1-56 所示。

图 1-55　点击“编辑字幕”按钮

图 1-56　点击 Aa 按钮

STEP 09 在“样式”选项卡中，❶选择一个样式；❷设置“字号”参数为 6，稍微放大文字，如图 1-57 所示。

STEP 10 ❶切换至“字体”，再切换到其中的“热门”选项卡；❷选择合适的字体，如图 1-58 所示。

STEP 11 ❶选择视频素材；❷在音频的末尾位置点击“分割”按钮，分割素材；❸点击“删除”按钮，如图 1-59 所示，删除多余的视频片段。

图 1-57　设置“字号”参数

图 1-58　选择合适的字体

图 1-59　点击“删除”按钮

❷ 在剪映电脑版中制作视频

下面介绍在剪映电脑版中写营销文案的操作方法。

扫码看教学

STEP 01 打开剪映电脑版，在“本地”选项卡中导入视频素材，单击视频素材右下角的“添加到轨道”按钮，把视频素材添加到视频轨道中，如图 1-60 所示。此外，用户也可以通过长按鼠标左键将视频素材拖曳到下方的轨道中。

STEP 02 在左上方的工具栏中，❶单击“文本”按钮，进入“文本”功能区；❷单击“默认文本”右下角的“添加到轨道”按钮，如图 1-61 所示，添加文本。

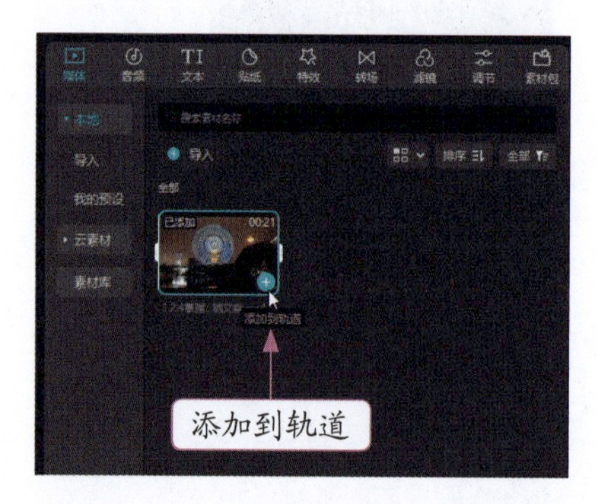

图 1-60　单击“添加到轨道”按钮（1）

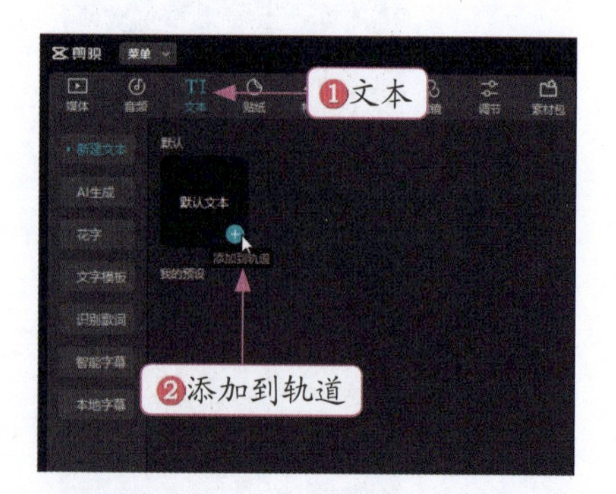

图 1-61　单击“添加到轨道”按钮（2）

STEP 03 为了生成智能文案，❶单击“智能文案”按钮；❷单击“写营销文案”按钮；❸输入产品名称“游乐园”、产品卖点“过山车、摩天轮、旋转木马，100 字”；❹单击按钮，如图 1-62 所示。

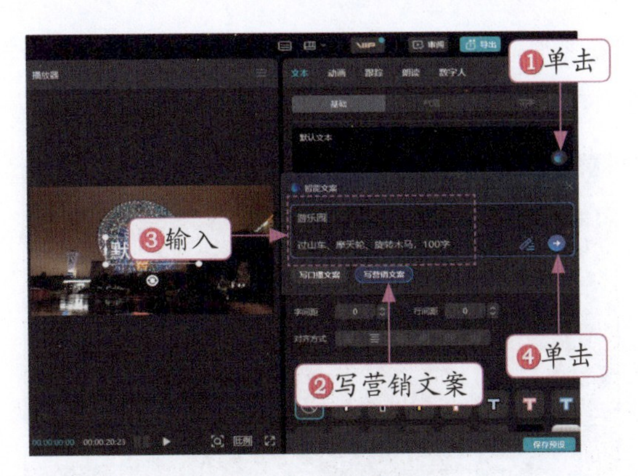

图 1-62 单击按钮

STEP 04 弹出进度提示并稍等片刻，弹出“智能文案”对话框，生成文案内容，然后单击“确认”按钮，如图 1-63 所示。

STEP 05 为了给文案配音，❶单击“朗读”按钮，进入“朗读”操作区；❷选择“播音旁白”选项；❸单击“开始朗读”按钮，如图 1-64 所示。

图 1-63 单击“确认”按钮

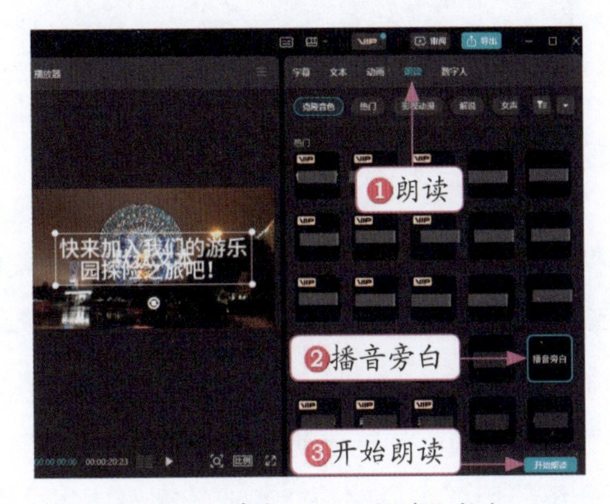

图 1-64 单击“开始朗读”按钮

STEP 06 生成音频素材后，❶调整音频素材和文案文本的轨道时长和位置，缩小它们之间的间隔；❷选择视频素材；❸在音频素材的末尾位置单击“向右裁剪”按钮，如图 1-65 所示，删除不需要的视频片段。

STEP 07 ❶选择“默认文本”选项；❷单击“删除”按钮，如图 1-66 所示，删除不需要的文本。

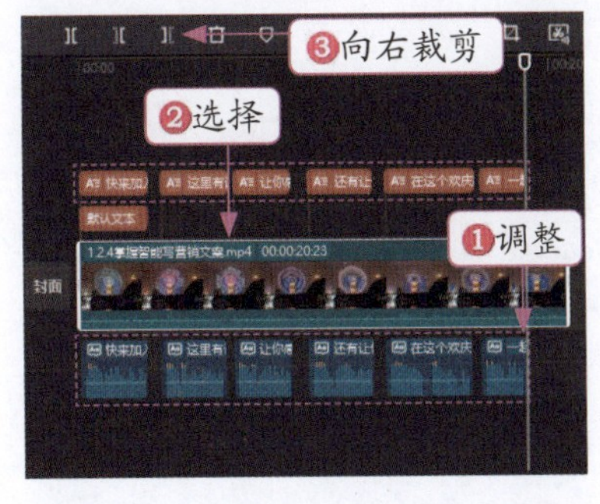

图 1-65 单击“向右裁剪”按钮

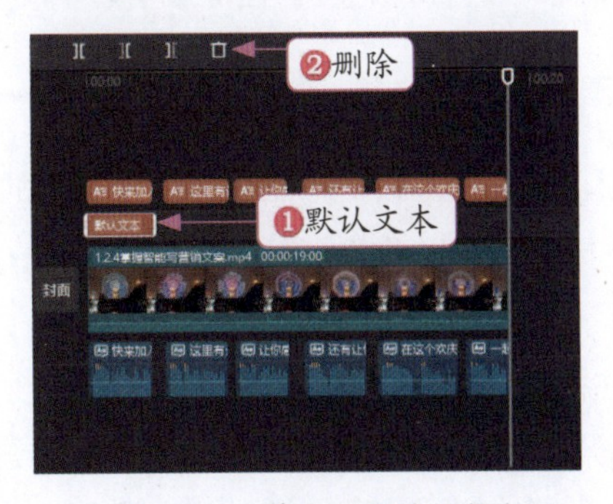

图 1-66 单击“删除”按钮

STEP 08 选择第 1 段文字，❶在“文本”操作区中更改字体；❷选择一个样式；❸设置“字号”参数为 7，调整文字的大小；❹调整文字的位置，如图 1-67 所示。

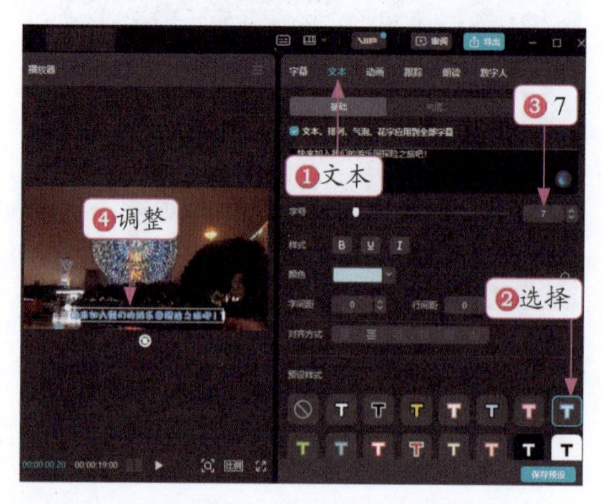

图 1-67　调整文字的位置

专家指点

使用 AI 生成的讲解文案、口播文案和营销文案，每次都会有些许差异，目前还不能进行二次编辑和修改，用户可以点击“下一个”按钮，再次生成文案，然后重新选择自己想要的文案。

1.3 掌握图文成片智能写文案的技巧

在短视频创作的过程中，用户常常会遇到这样一个问题：怎么又快又好地写出短视频文案呢？目前，剪映的图文成片功能就能帮助用户满足这个需求。

本节主要介绍使用图文成片功能生成短视频脚本文案的具体操作方法。不过需要注意的是，即使是相同的提示词，剪映每次生成的文案也不一样。

1.3.1 学会智能获取链接中的文案

要想智能地从链接中获取文案，用户需要先选好头条文章，并复制文章的链接，将其粘贴到剪映的“图文成片”界面中，就可以通过 AI 提取文章的文案内容。下面介绍智能获取链接中文案的操作方法。

❶ 在剪映手机版中制作视频

下面介绍在剪映手机版中智能获取链接文案的操作方法。

扫码看教学

STEP 01 在手机应用商店下载并安装好今日头条 App 后，点击“今日头条”图标，如图 1-68 所示，打开今日头条。

STEP 02 ❶在搜索栏中输入“手机摄影构图大全”；❷点击“搜索”按钮，弹出相应的搜索结果；❸选择相应的账号，如图 1-69 所示。

STEP 03 进入账号的首页，❶切换至“文章”选项卡；❷点击相应文章的标题，如图 1-70 所示。

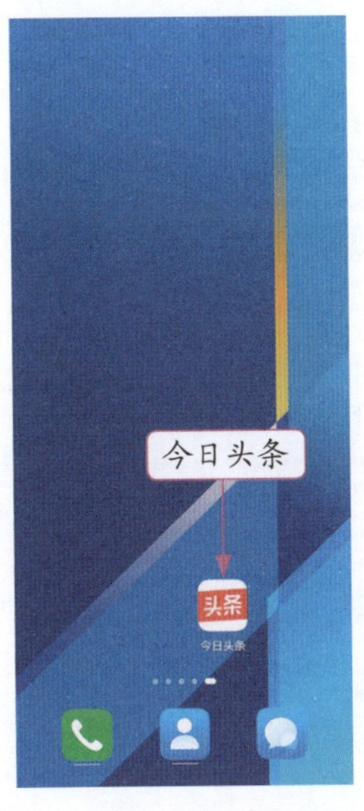

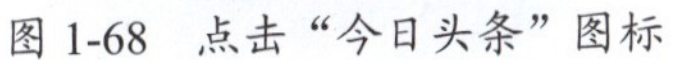
图 1-68　点击“今日头条”图标

图 1-69　选择相应的账号

图 1-70　点击相应文章的标题

STEP 04 进入文章详情界面，❶点击右上角的···按钮，弹出相应的面板；❷点击“复制链接”按钮，如图 1-71 所示，复制文章的链接。

STEP 05 打开剪映手机版，进入“剪辑”界面，在其中点击“图文成片”按钮，如图 1-72 所示。

STEP 06 进入“图文成片”界面，点击“自由编辑文案”按钮，如图 1-73 所示。

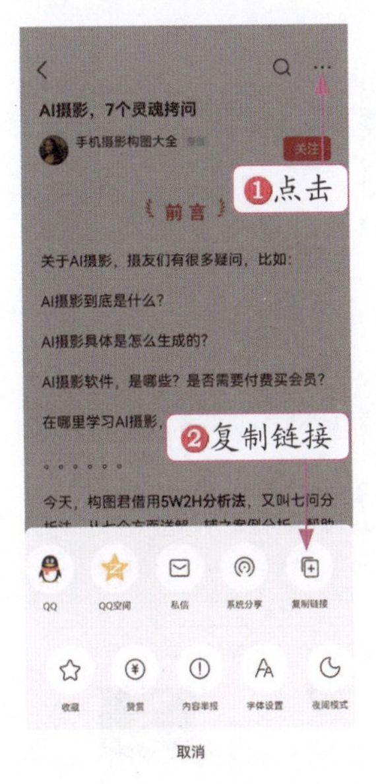

图 1-71　点击“复制链接”按钮

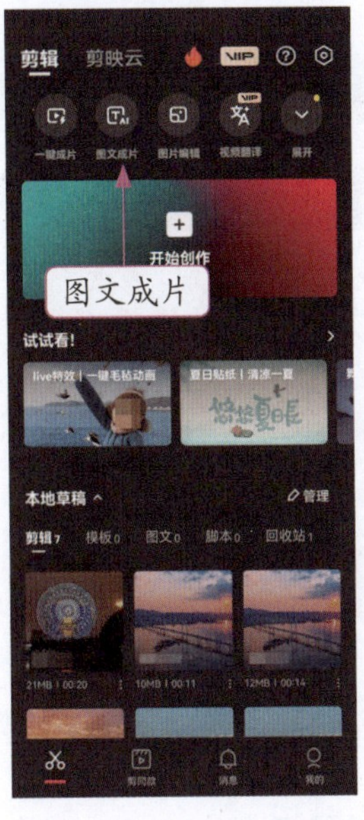

图 1-72　点击“图文成片”按钮

图 1-73　点击“自由编辑文案”按钮

STEP 07 进入相应的界面，点击🔗按钮，如图 1-74 所示。

STEP 08 ❶在弹出的面板中粘贴文章链接；❷点击“获取文案”按钮，如图 1-75 所示。

STEP 09 稍等片刻，即可获取文案内容，如图 1-76 所示。

图 1-74　点击🔗按钮

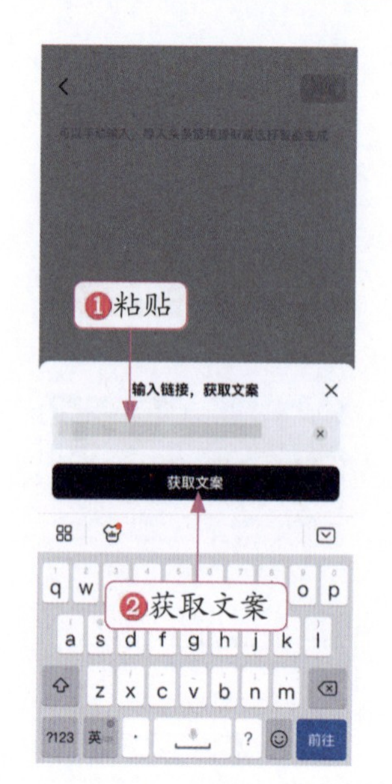

图 1-75　点击“获取文案”按钮

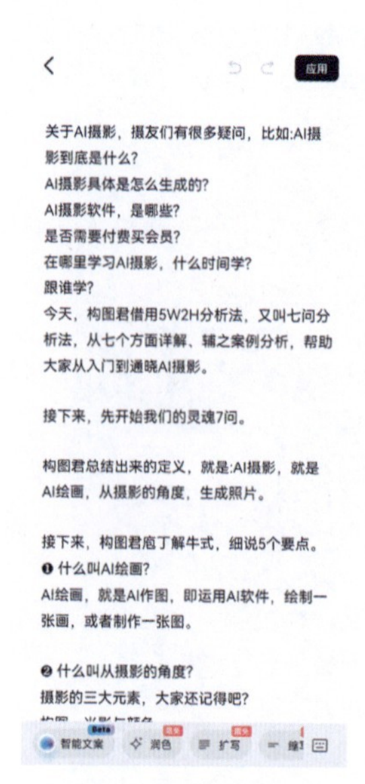

图 1-76　获取文案内容

❷ 在剪映电脑版中制作视频

下面介绍在剪映电脑版中智能获取链接文案的操作方法。

扫码看教学

STEP 01 打开今日头条官网，❶在搜索栏中输入“手机摄影构图大全”；❷单击“搜索”按钮🔍，如图 1-77 所示。

图 1-77　单击“搜索”按钮

STEP 02 在搜索结果中选择相应的账号，如图 1-78 所示。

STEP 03 进入账号的首页，❶切换至“文章”选项卡；❷单击相应文章的标题，如图 1-79 所示。

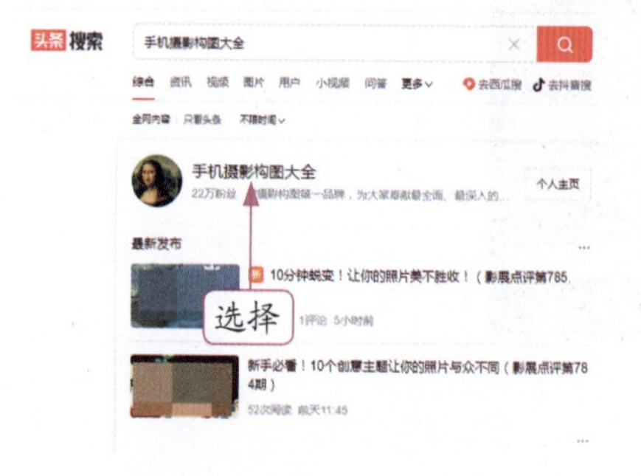

图 1-78　选择相应的账号

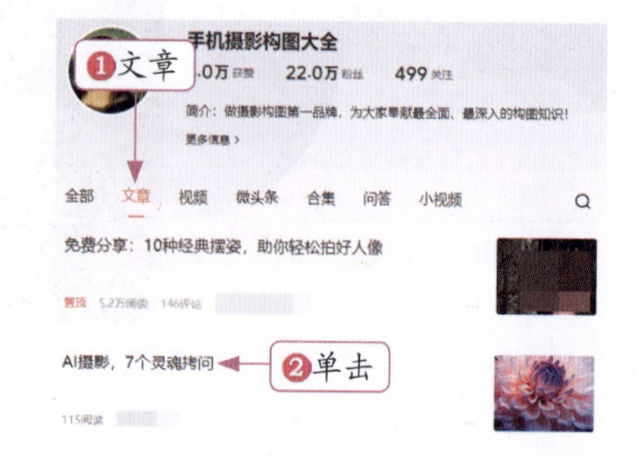

图 1-79　单击相应文章的标题

STEP 04 进入文章详情页面，选中网页链接并按 Ctrl ＋ C 组合键进行复制，如图 1-80 所示。

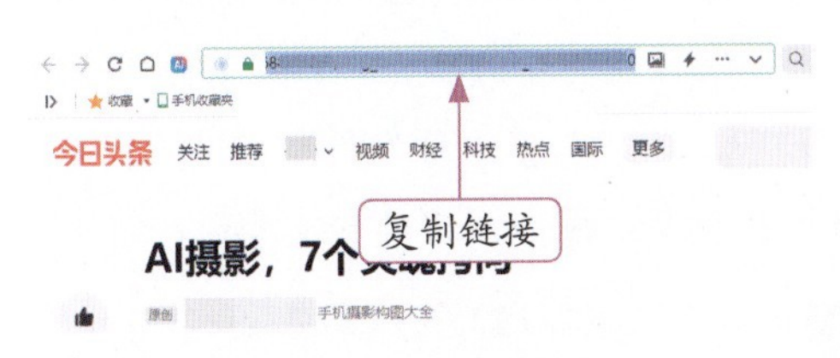

图 1-80　复制链接

STEP 05 进入剪映电脑版首页，单击"图文成片"按钮，如图 1-81 所示。

STEP 06 弹出"图文成片"面板，单击"自由编辑文案"按钮，如图 1-82 所示。

图 1-81　单击"图文成片"按钮

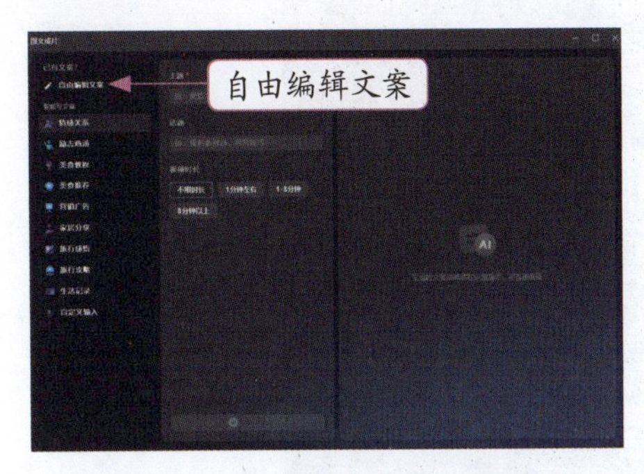

图 1-82　单击"自由编辑文案"按钮

STEP 07 为了获取链接文案，❶单击🔗按钮；❷按 Ctrl ＋ V 组合键，粘贴链接；❸单击"获取文字"按钮，如图 1-83 所示。

STEP 08 稍等片刻，即可获取文案内容，如图 1-84 所示。

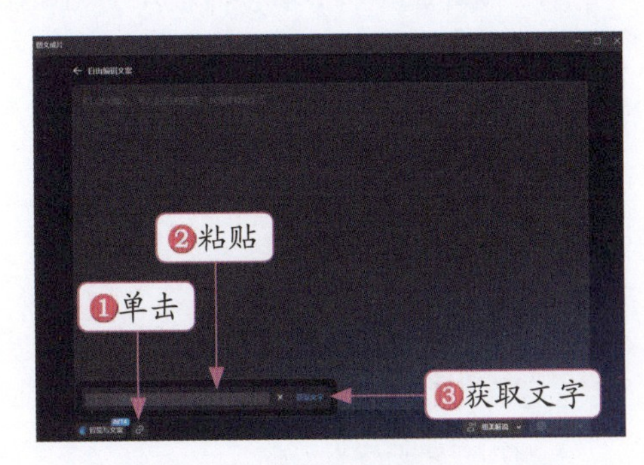

图 1-83　单击"获取文字"按钮

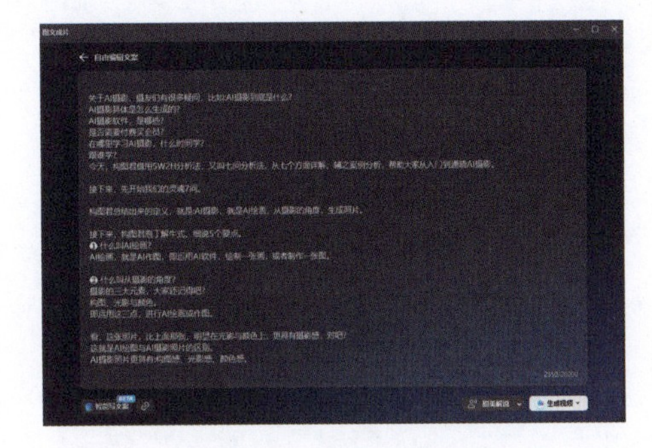

图 1-84　获取文案内容

1.3.2　学会智能写美食教程文案

在剪映的图文成片中，用户除了可以自由编辑文案，还可以让它智能生成各种类型和风格的文案。下面将以智能写美食教程文案为例，为读者介绍这个功能。

❶ 在剪映手机版中制作视频

下面介绍在剪映手机版中智能写美食教程文案的操作方法。

STEP 01 打开剪映手机版，进入"剪辑"界面，为了生成美食教程文案，点击"图文成片"按钮，如图 1-85 所示。

STEP 02 进入“图文成片”界面，选择“美食教程”选项，如图 1-86 所示。

STEP 03 进入“美食教程”界面，❶输入“美食名称”为“番茄炒蛋”、“美食做法”为“清甜味做法”；❷设置“视频时长”为“1 分钟左右”；❸点击“生成文案”按钮，如图 1-87 所示。

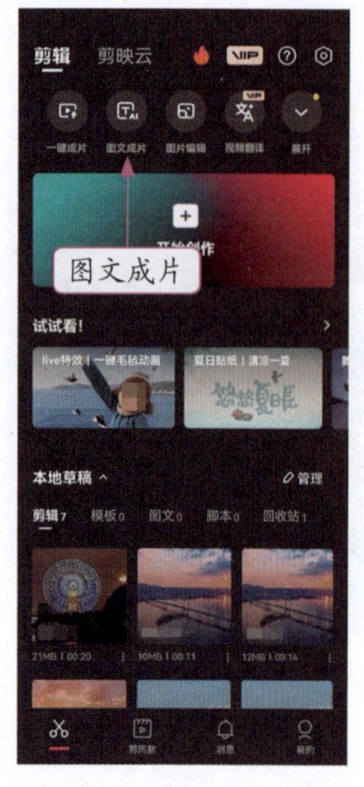

图 1-85 点击“图文成片”按钮

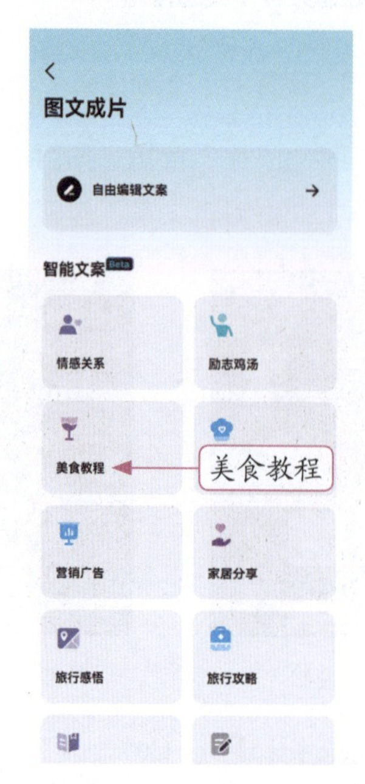

图 1-86 选择“美食教程”选项

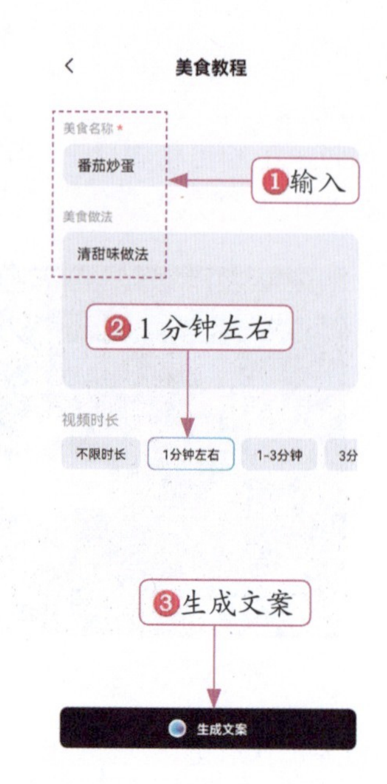

图 1-87 点击“生成文案”按钮

STEP 04 稍等片刻，即可生成相应的文案结果，点击“编辑”按钮，如图 1-88 所示，点击 > 按钮，可以切换文案；点击 C 按钮，可以重新生成文案。

STEP 05 重新生成文案后即可进入相应的界面，开始编辑和修改文案，如图 1-89 所示。

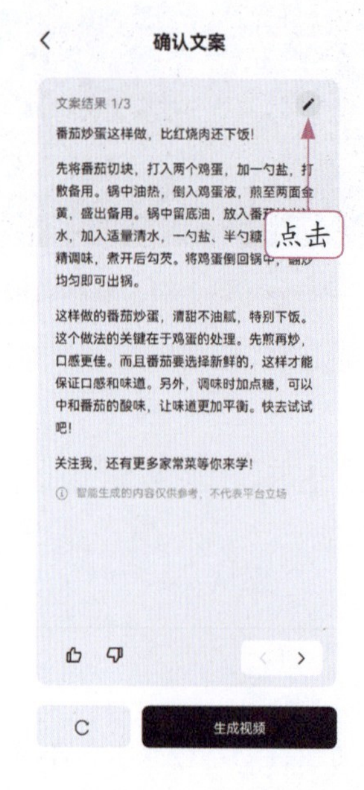

图 1-88 点击“编辑”按钮

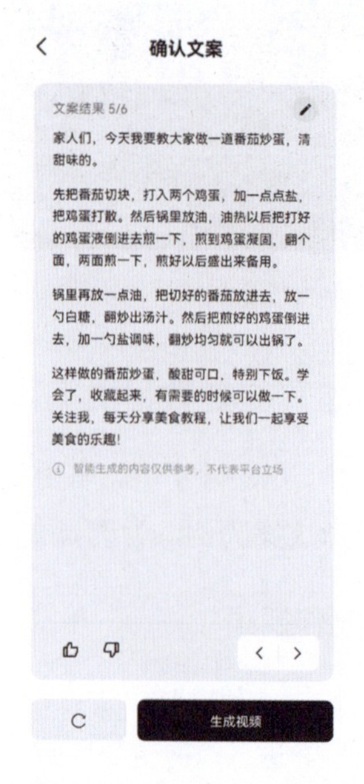

图 1-89 进入相应的界面

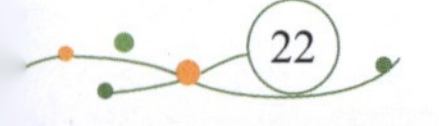

② 在剪映电脑版中制作视频

下面介绍在剪映电脑版中智能写美食教程文案的操作方法。

STEP 01 进入剪映电脑版首页。为了生成美食教程文案，单击“图文成片”按钮，如图 1-90 所示。

STEP 02 ❶切换至“美食教程”选项卡；❷输入“美食名称”为“番茄炒蛋”、“美食做法”为“清甜味做法”；❸设置“视频时长”为“1 分钟左右”；❹单击“生成文案”按钮，如图 1-91 所示。

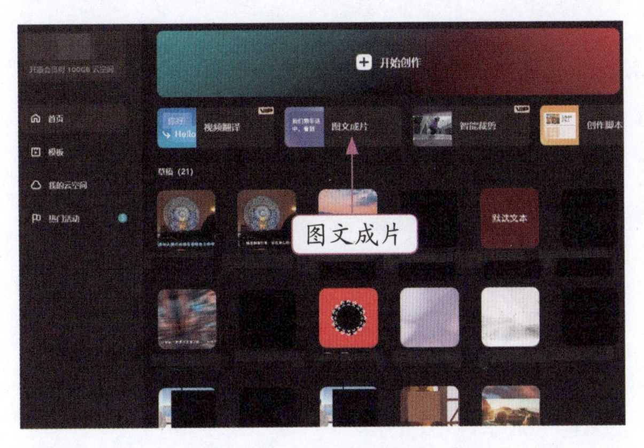

图 1-90　单击“图文成片”按钮

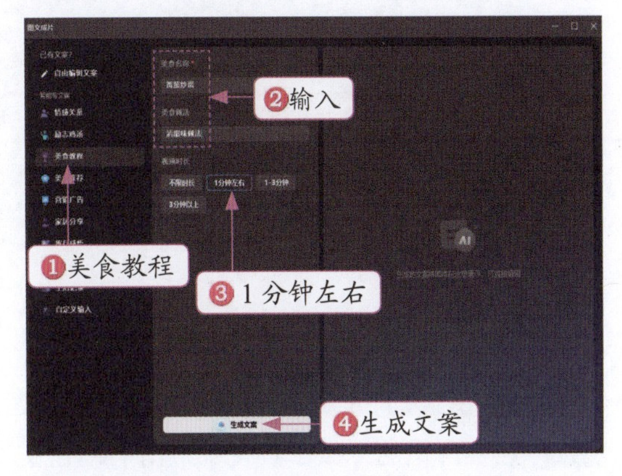

图 1-91　单击“生成文案”按钮

STEP 03 稍等片刻，即可生成相应的文案结果，如图 1-91 所示，单击 > 按钮，可以切换文案；单击“重新生成”按钮，可以重新生成文案。

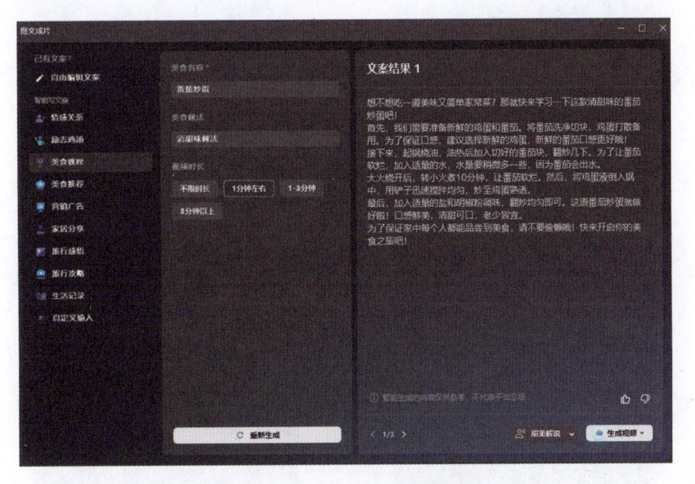

图 1-92　生成相应的文案结果

1.4 编辑 AI 视频脚本文案

当使用剪映中的 AI 功能生成脚本文案时，我们还需要对文案字幕进行后期编辑，使其更加精美。本节将为读者介绍编辑 AI 视频脚本文案的操作方法。

1.4.1 学会修改视频文案的字体

【效果展示】：在视频剪辑中，修改视频文案的字体可以增强视觉冲击力并可以更好地匹配视频风格。在剪映中，有非常多的字体样式，为了避免侵权，可以尽量使用可商用的字体，效果展示如图 1-93 所示。

扫码看教学

图 1-93 效果展示

下面介绍修改视频文案字体的操作方法。

STEP 01 在剪映手机版中导入视频，点击“文字”按钮，如图 1-94 所示。

STEP 02 在弹出的二级工具栏中点击“新建文本”按钮，如图 1-95 所示。

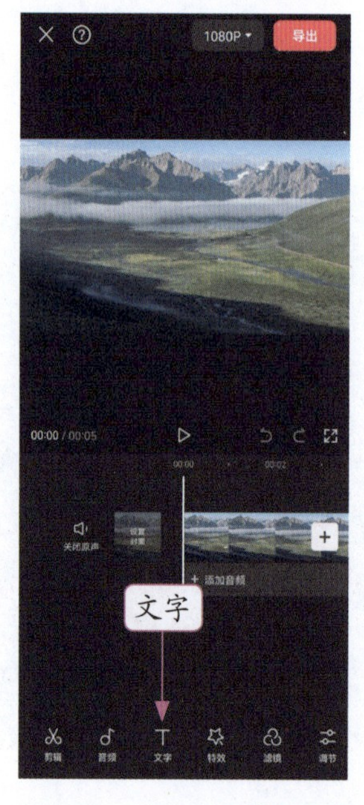

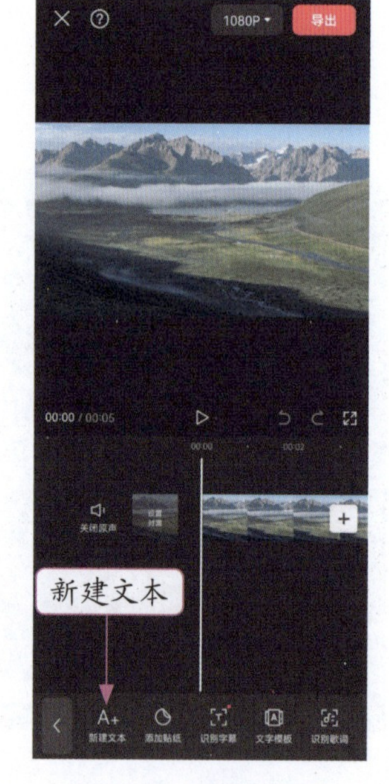

图 1-94 点击“文字”按钮　　图 1-95 点击“新建文本”按钮

STEP 03 弹出相应的面板，切换至“智能文案”选项卡，如图 1-96 所示。

STEP 04 弹出“智能文案”面板，①点击“文案推荐”按钮；②选择一条合适的文案；③点击按钮，如图 1-97 所示。

STEP 05 ①切换至“字体”，再切换到其中的“热门”选项卡；②点击“商用”按钮；③选择合适的字体；④点击按钮，如图 1-98 所示。

STEP 06 ❶调整文字的位置；❷调整文字的时长，使其对齐视频的时长，如图 1-99 所示。

图 1-96　切换至“智能文案”选项卡

图 1-97　点击⌄按钮

图 1-98　点击✓按钮

图 1-99　调整文字的时长

1.4.2　学会设置视频花字效果

【效果展示】：剪映中的花字效果比样式效果更丰富，而且颜色千变万化，用户可以根据视频的色调设置合适的花字，让整个画面在具有一定协调性的同时，也更加具有美观性，效果展示如图 1-100 所示。

扫码看教学

图 1-100 效果展示

下面介绍设置视频花字效果的操作方法。

STEP 01 在剪映手机版中导入视频，依次点击一级工具栏中的“文字”按钮和二级工具栏中的“新建文本”按钮，弹出相应的面板，❶选择字体；❷切换至“智能文案”选项卡，如图 1-101 所示。

STEP 02 弹出“智能文案”面板，❶点击“文案推荐”按钮；❷选择一条合适的文案；❸点击按钮，如图 1-102 所示。

专家指点

用户在设置视频花字效果时，可以根据视频的色彩来选择色调一致的样式，从而让整个画面更加美观。

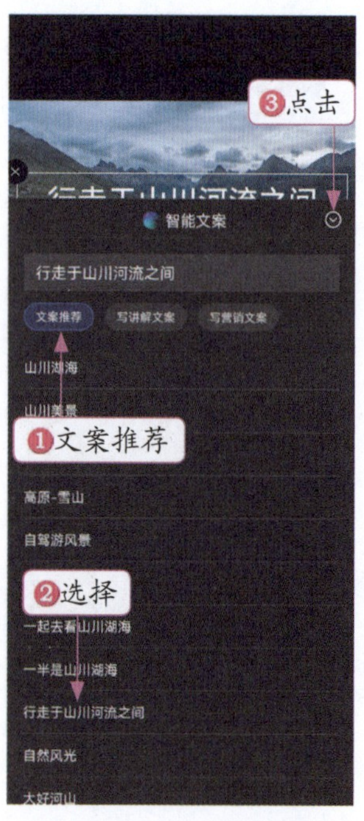

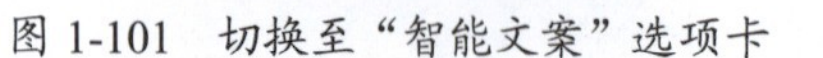

图 1-101 切换至“智能文案”选项卡　　图 1-102 点击按钮

STEP 03 ❶切换至“花字”，再切换到其中的“蓝色”选项卡；❷选择合适的花字样式；❸调整文字的大小和位置；❹点击按钮，如图 1-103 所示。

STEP 04 调整文字的时长，使其对齐视频的时长，如图 1-104 所示。

图 1-103　点击按钮　　图 1-104　调整文字的时长

1.4.3　学会添加视频文字模板

扫码看教学

【效果展示】：在剪映中，文字模板的样式非常丰富，添加起来也是非常便捷的，可以节约设计文字样式的时间，提升剪辑效率，效果展示如图 1-105 所示。

图 1-105　效果展示

下面介绍添加视频文字模板的操作方法。

STEP 01 在剪映手机版中导入视频，依次点击“文字”按钮和“新建文本”按钮，弹出相应的面板，切换至“智能文案”选项卡，如图 1-106 所示。

STEP 02 弹出“智能文案”面板，❶点击“文案推荐”按钮；❷选择一条合适的文案；❸点击✓按钮，如图 1-107 所示。

图 1-106　切换至“智能文案”选项卡

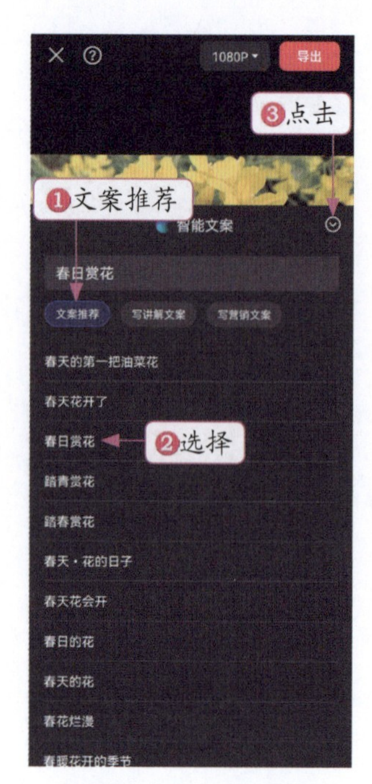

图 1-107　点击按钮

STEP 03 ❶切换至“文字模板”，再切换到其中的“热门”选项卡；❷选择一款文字模板；❸调整文字的大小和位置；❹点击按钮，如图 1-108 所示。

STEP 04 调整文字的时长，使其对齐视频的时长，如图 1-109 所示。

图 1-108　点击按钮

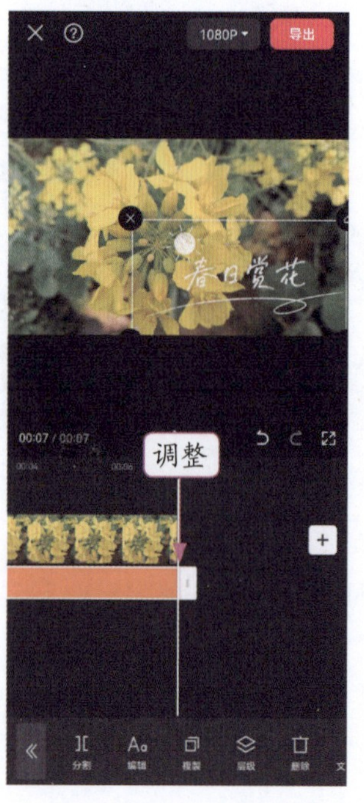

图 1-109　调整文字的时长

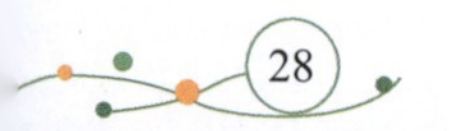

1.4.4 学会添加文字入场动画效果

【效果展示】：入场动画就是文字出现时的动态效果。添加文字入场动画效果，可以让文字出现的时候更加自然，效果展示如图 1-110 所示。

图 1-110 效果展示

下面介绍添加文字入场动画效果的操作方法。

STEP 01 在剪映手机版中导入视频，依次点击“文字”按钮和“新建文本”按钮，弹出相应的面板，❶选择合适的字体；❷切换至“智能文案”选项卡，如图 1-111 所示。

STEP 02 弹出“智能文案”面板，❶点击“文案推荐”按钮；❷选择一条合适的文案；❸点击⊙按钮，如图 1-112 所示。

图 1-111 切换至“智能文案”选项卡

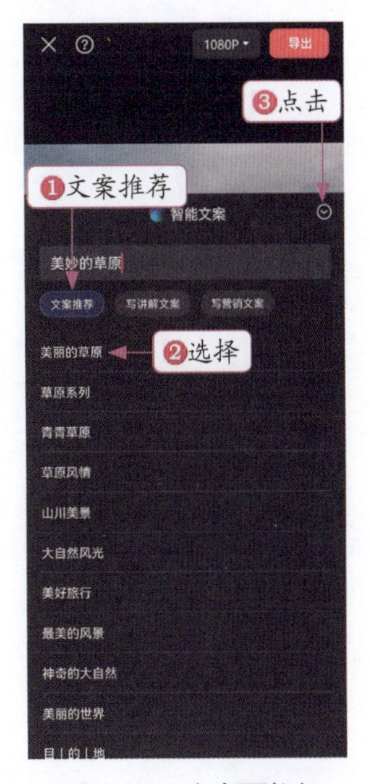

图 1-112 点击⊙按钮

STEP 03 ❶切换至“动画”选项卡；❷选择“星光闪闪”入场动画；❸设置时长参数为 1.5s；❹点击✓按钮，如图 1-113 所示。

STEP 04 ①调整文字的位置；②调整文字的时长，使其对齐视频的时长，如图1-114所示。

图1-113 点击✓按钮

图1-114 调整文字的时长

第2章

AI直接绘图功能，人人都能成为绘画大师

章前知识导读

剪映更新了AI作图的功能，用户只需要输入相应的提示词，系统就会根据提示词内容生成4幅图像效果。有了这个功能，用户可以省去画图的时间，在剪映中实现一键作图，人人都能成为绘画师。本章将为读者介绍AI直接绘图功能。

新手重点索引

- 什么是AI直接绘图功能
- 掌握提示词绘画技巧
- 掌握AI作图的参数调整技巧
- 掌握AI作图的应用实例

效果图片欣赏

2.1 什么是 AI 直接绘图功能

AI 直接绘图功能是指利用人工智能技术，通过机器学习、深度学习和计算机视觉等技术，来直接生成图像的一种能力。

该功能允许用户通过文本描述、关键词输入或者选择预设的风格，来即时生成图像，而无须传统手工绘图的过程。AI 绘图系统在接收到用户的指令后，会基于其学习到的大量图像数据，理解和解析输入的信息，然后创造出新颖独特的视觉内容或图像。本节将为读者介绍 AI 直接绘图功能。

2.1.1 剪映中的 AI 直接绘图功能是什么

剪映中的 AI 直接绘图功能主要是指人工智能系统能够直接根据用户的文本描述或特定的视觉指示，自动生成图像或进行绘画创作的能力。

具体来说，剪映中的 AI 直接绘图功能称为 AI 作图。用户只需输入中文文案或提示词，剪映的 AI 系统就能根据这些提示词生成一组高清图片。这些 AI 图片在光影、细节和真实性方面都非常出色，为用户提供了丰富的图片素材。

例如，用户可以在 AI 作图功能的对话框中输入“高山夕阳风光，蓝天白云，平视拍摄，远景，森林，绿植”提示词，AI 绘图软件就会尝试生成这样 4 张场景图片，如图 2-1 所示。这一过程涉及对图像元素的理解、布局设计、颜色搭配以及纹理细节的合成，全都是由算法自动完成的。

图 2-1 生成 4 张图片

2.1.2 剪映中的 AI 直接绘图功能有什么作用

剪映 AI 直接绘图功能的出现，为艺术创作、艺术教育、设计工作等多个领域带来了新的可能性，也极大地丰富了人们的创作体验。该功能主要有 5 个作用，如图 2-2 所示。

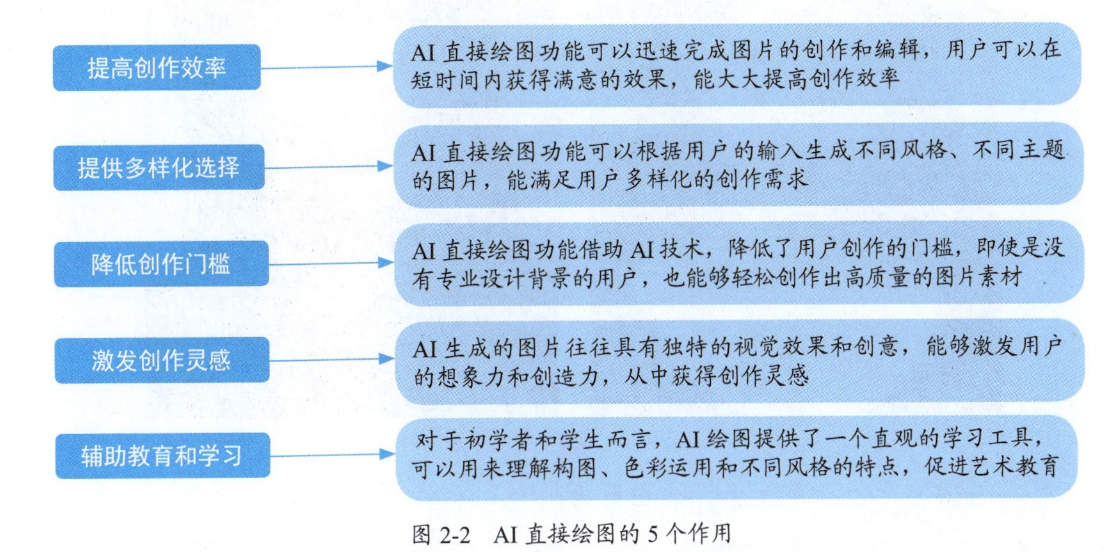

图 2-2 AI 直接绘图的 5 个作用

综上所述，剪映的 AI 直接绘图功能不仅提高了创作效率，降低了用户创作的门槛，还提供了多样化的选择和灵感来源，在促进艺术教育方面也发挥了一定作用，是用户不可或缺的工具之一。

2.2 掌握提示词绘画技巧

在剪映中使用 AI 作图功能时，提示词是非常重要的。正确输入提示词，可以提高 AI 图片的准确性和精美性。在构建提示词时，要遵循一定的逻辑结构，确保所用词汇精确无误，避免使用可能引起混淆的多义词。提示词并非越多越好，冗长的描述可能导致模型难以理解和执行，我们要在保证精准的同时尽可能地描述完整细节，这样可以减少失误。

如果用户对初次生成的图片不满意，可以在此基础上选择再次生成，也可以不断测试不同组合并根据结果进行文案调整，这些都有助于提高成功率。本节将为大家介绍提示词绘画技巧，不过需要注意，即使是相同的提示词，剪映每次生成的图片效果也会有所差别。

2.2.1 学会使用灵感库中的提示词绘画

【效果展示】：如果新手还不知道如何输入提示词，就可以使用灵感库推荐的模板进行绘画。在灵感库中，系统会推荐非常多的模板和图画类型，让用户可以制作同款图像效果，部分效果如图 2-3 所示。

扫码看教学

图 2-3　效果展示

下面介绍使用灵感库中的提示词绘画的操作方法。

STEP 01 在“剪辑”界面中，点击“展开”按钮，如图 2-4 所示。

STEP 02 在展开后的全部功能界面中，点击“AI 作图”按钮，如图 2-5 所示。

STEP 03 进入相应的界面，点击“灵感”按钮，如图 2-6 所示。

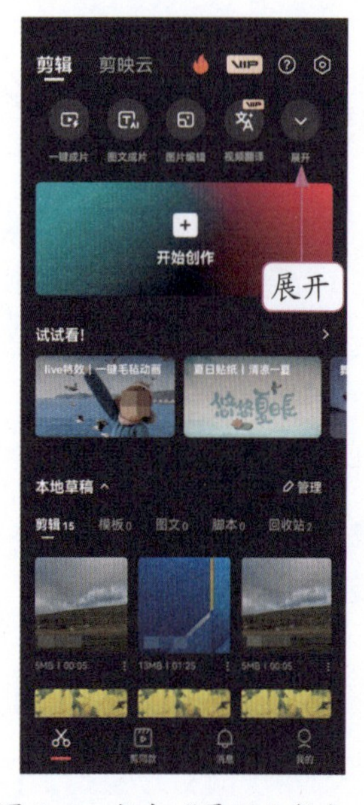

图 2-4　点击“展开”按钮

图 2-5　点击“AI 作图”按钮

图 2-6　点击“灵感”按钮

STEP 04 在“热门”选项卡中，点击一款模板下的“做同款”按钮，如图 2-7 所示。

STEP 05 提示词面板中会自动生成相应的模板提示词，点击下方的“立即生成”按钮，如图 2-8 所示。

STEP 06 稍等片刻，剪映会生成 4 张少女图片，如图 2-9 所示。

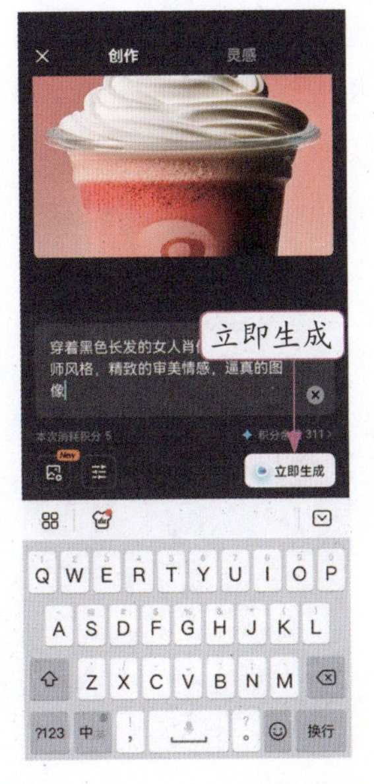

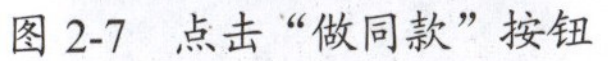
图 2-7 点击“做同款”按钮　　图 2-8 点击“立即生成”按钮　　图 2-9 生成 4 张图片

专家指点

目前剪映手机版中的“AI 作图”功能属于付费功能，如果用户需要使用该功能，那么每次生成图片时需要消耗 5 积分。

2.2.2 学会使用自定义提示词绘画

扫码看教学

【效果展示】：在输入自定义提示词的时候，需要用户先输入绘画主体，然后再输入图片的环境、风格、色彩等提示词，进行生图，效果如图 2-10 所示。

图 2-10 效果展示

下面介绍使用自定义提示词绘画的操作方法。

STEP 01 打开剪映手机版，进入“剪辑”界面，点击“AI 作图”按钮，进入相应的界面，❶点击提示词面板中的空白处；❷点击⊠按钮，如图 2-11 所示，清空提示词面板。

STEP 02 ❶输入自定义提示词：“桌子上的柳条篮里有许多白色和粉红色的玫瑰花，美丽极了，中心构图，主体突出，背景是大海和蓝天，一张美丽的照片，高质量和精细的细节。”；❷点击“立即生成”按钮，如图 2-12 所示。

STEP 03 稍等片刻，剪映会生成 4 张花朵图片，如图 2-13 所示。

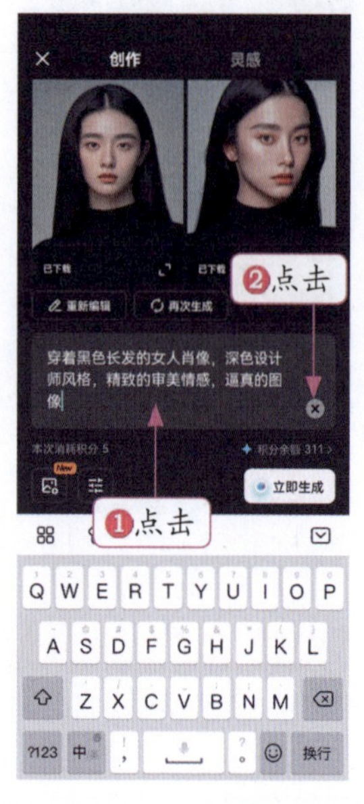

图 2-11 点击⊗按钮

图 2-12 点击“立即生成”按钮

图 2-13 生成 4 张图片

专家指点

在输入自定义提示词的时候，用户需要先输入绘画主体，然后再输入图片的环境、风格、色彩等提示词，用户描述得越具体，生成的图片效果也越能满足要求。如果用户对初次生成的图片不满意，可以在此基础上选择再次生成。

2.3 掌握 AI 作图的参数调整技巧

在使用剪映手机版中的 AI 作图时，AI 可能并不会一次性就生成理想的图片，这时用户需要调整 AI 作图的参数，让图片更符合需求。这可能需要多次尝试和调整，例如改变画风、调整色彩饱和度、增减细节等，以达到最终想要的效果。本节将为读者介绍 AI 作图的参数调整技巧。

2.3.1 学会使用通用模型进行绘画

【效果展示】：剪映中的通用模型也称默认模型，默认“通用 1.2”模型、1:1 比例、30 精细度，如果没有特定的风格要求，生成的图片也是通用场景下的画面，部分效果如图 2-14 所示。

扫码看教学

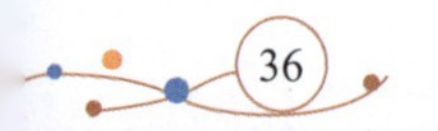

图 2-14　效果展示

下面介绍使用通用模型进行绘画的操作方法。

STEP 01 打开剪映手机版，进入“剪辑”界面，点击“AI 作图”按钮，进入相应的界面，❶在提示词面板中输入“一份全家桶，旁边放着汉堡包和薯条，特写”自定义提示词；❷点击按钮，如图 2-15 所示。

STEP 02 进入“参数调整”面板，默认设置“通用 1.2”模型、1:1 比例、30 精细度，点击✔按钮，如图 2-16 所示，再点击“立即生成”按钮。

STEP 03 稍等片刻，剪映会生成 4 张美食图片，如图 2-17 所示。

图 2-15　点击按钮

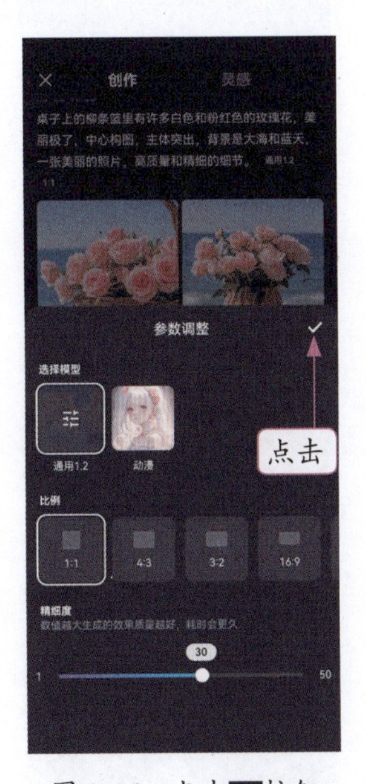

图 2-16　点击✔按钮

图 2-17　生成 4 张图片

2.3.2 学会使用动漫模型进行绘画

【效果展示】：用户在使用剪映中的 AI 作图功能时，可以在参数调整面板中选择动漫模型进行绘画，那么生成的图片都会是漫画风，图片会更有趣味。而且还可以自定义一些参数，比如动物的品种、行为动作，等等，以达到更好的效果，如图 2-18 所示。

图 2-18 效果展示

下面介绍使用动漫模型进行绘画的操作方法。

STEP 01 打开剪映手机版，进入“剪辑”界面，点击“AI 作图”按钮，进入相应的界面，❶在提示词面板中输入“动物摄影，可爱小狗，哈士奇，迎面跑来，高清”自定义提示词；❷点击按钮，如图 2-19 所示。

STEP 02 进入“参数调整”面板，❶选择“动漫”模型，默认设置 1:1 比例、30 精细度；❷点击按钮，如图 2-20 所示，再点击“立即生成”按钮。

STEP 03 稍等片刻，剪映会生成 4 张动漫小狗图片，如图 2-21 所示。

图 2-19 点击按钮

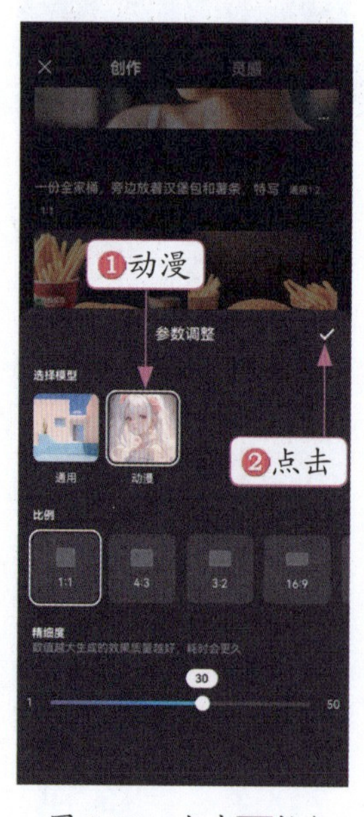

图 2-20 点击按钮

图 2-21 生成 4 张图片

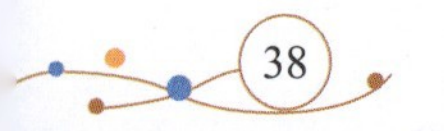

2.4 掌握 AI 作图的应用实例

在使用剪映时，用户可以充分利用其“AI 作图”功能，根据个人项目需求与创意愿景，轻松制作出多样化的图片内容。这一功能不仅大大丰富了视频制作的素材库，还让视频创作者拥有了前所未有的灵活性和控制力。本节将为读者介绍相应的应用实例。

2.4.1 生成动漫插画效果

【效果展示】：插画原指书籍出版物中的插图，在很多动漫书中，动漫人物插画是比较常见的，风格是偏唯美和清新的，剪映中的“AI 作图”功能可以根据用户需求轻松生成精美的动漫插画，部分效果如图 2-22 所示。

扫码看教学

图 2-22 效果展示

下面介绍生成动漫插画效果的操作方法。

STEP 01 打开剪映手机版，进入“剪辑”界面，点击“AI 作图”按钮，进入相应的界面，❶在提示词面板中输入“二次元少女，动漫插画，金色头发，蓝色眼睛，暖色背景，宫崎骏画风，超清”自定义提示词；❷点击按钮，如图 2-23 所示。

STEP 02 进入“参数调整”面板，❶选择“通用 1.2”模型，默认设置 1:1 比例、30 精细度；❷点击按钮，如图 2-24 所示，再点击“立即生成”按钮。

STEP 03 稍等片刻，剪映会生成 4 张动漫插画人物图片，如图 2-25 所示。

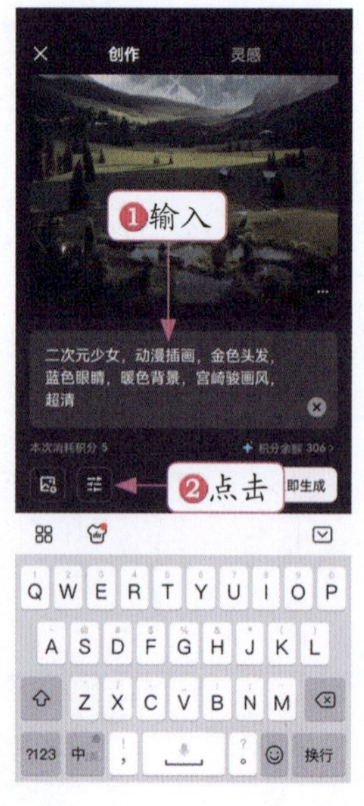

图 2-23 点击按钮

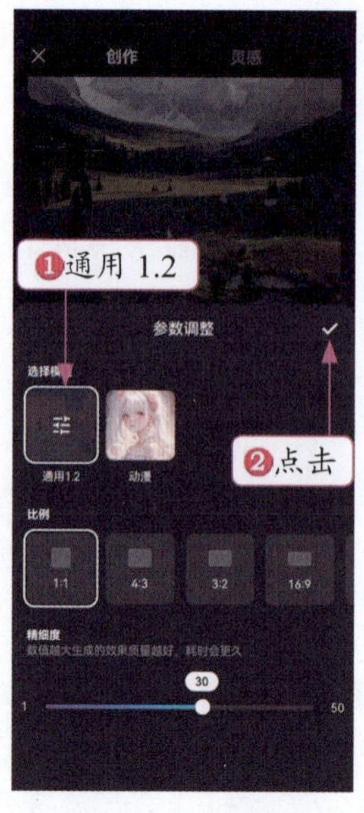

图 2-24 点击✔按钮

图 2-25 生成 4 张图片

2.4.2 生成风景摄影效果

扫码看教学

【效果展示】：使用剪映的“AI 作图”功能不仅可以作画，还可以生成摄影图片，包括风景摄影、人物摄影、动物摄影等多个方面，能满足用户基本的摄影需求，部分效果如图 2-26 所示。

图 2-26 效果展示

下面介绍生成风景摄影效果的操作方法。

STEP 01 打开剪映手机版，进入“剪辑”界面，点击“AI 作图”按钮，进入相应的界面，❶在提示词面板中输入“雪后山村，炊烟袅袅，阳光照耀，雪白的屋顶与远处连绵的山峦形成了一幅静谧的冬日画面，广角，高清”自定义提示词；❷点击按钮，如图 2-27 所示。

STEP 02 进入“参数调整”面板，❶选择“通用 1.2”模型；❷选择 4:3 比例样式；❸设置精细度为 50；❹点击✔按钮，如图 2-28 所示。

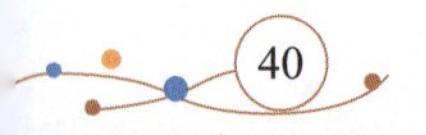

STEP 03 点击“立即生成”按钮，剪映会生成 4 张风景摄影图片，如图 2-29 所示。

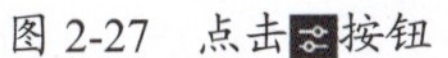
图 2-27　点击按钮

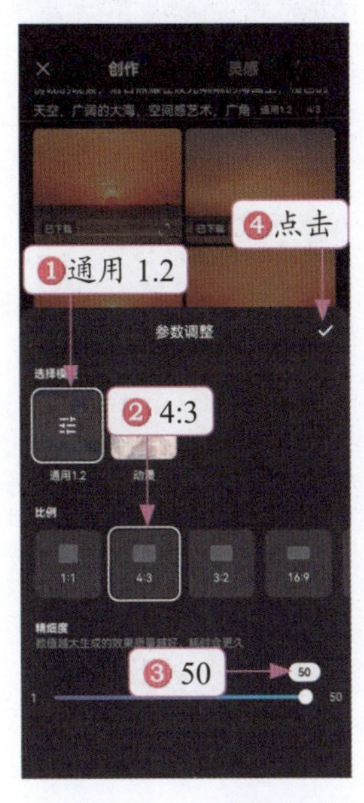

图 2-28　点击✓按钮

图 2-29　生成 4 张图片

2.4.3　生成室内设计效果

扫码看教学

【效果展示】：对于从事室内设计或者有室内设计需求的人员，运用“AI 作图”功能，可以快速把自己的想法生成草稿蓝图，部分效果如图 2-30 所示。

图 2-30　效果展示

下面介绍生成室内设计效果的操作方法。

STEP 01 打开剪映手机版，进入“剪辑”界面，点击“AI 作图”按钮，进入相应的界面，❶在提示词面板中输入“极简主义风格，室内客厅设计，时尚，浅色系，线条流畅的家具组合，几何造型，高级艺术”自定义提示词；❷点击按钮，如图 2-31 所示。

STEP 02 进入“参数调整”面板，❶选择“通用 1.2”模型；❷选择 16:9 比例样式；❸设置精细度为 50；❹点击✓按钮，如图 2-32 所示。

STEP 03 点击“立即生成”按钮，剪映会生成 4 张室内设计图片，如图 2-33 所示。

图 2-31　点击按钮

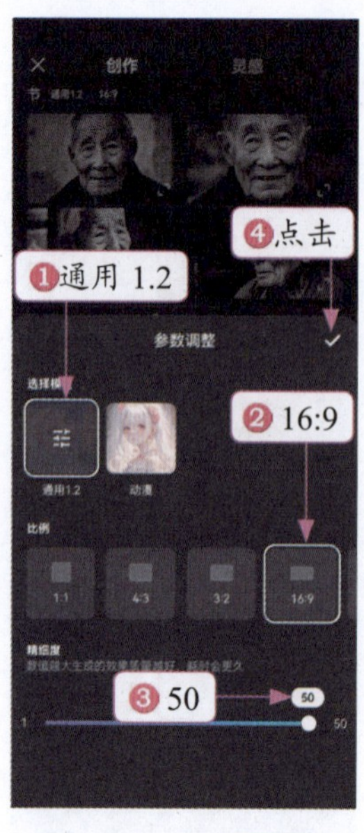

图 2-32　点击按钮

图 2-33　生成 4 张图片

专家指点

对于AI作图，描述词越清楚，生成的图片就会越具象。如果心中已经有具体的画面，就需要尽可能地描述完整的提示词。

第3章

即梦AI绘画，用网页版以文生图

章前知识导读

2024年5月9日，剪映Dreamina官方宣布其品牌正式更名为即梦AI，同时其AI作图和AI视频生成功能已全量上线，用户可以访问即梦官网来体验这些功能。本章将作为一个入门指南，带领读者了解如何使用即梦平台，释放你的创造力，玩转AI绘画。

新手重点索引

- 了解即梦AI工具
- 学会登录即梦AI平台
- 认识即梦AI页面各功能
- 学会使用即梦AI进行AI绘画

效果图片欣赏

3.1 了解即梦 AI 工具

即梦 AI 是由字节跳动公司推出的 AI 创作平台，它是什么？可以用来做什么？优势与特点是什么？有哪些核心功能？接下来，在本节中将向读者详细介绍即梦 AI 的相关内容，包括其核心功能、登录方法以及功能界面等基础知识，帮助读者学会利用 AI 的力量将自己的创意转化为视觉艺术作品。

3.1.1 什么是即梦 AI

即梦 AI 是由字节跳动公司抖音旗下的剪映推出的一款 AI 图片与视频创作工具，该平台主要聚焦于将 AI 技术应用于艺术创作与视觉内容生成，旨在帮助用户轻松地将想法转化为高质量的图片和视频内容。

用户只需要提供简短的文本描述，即梦 AI 就能快速根据这些描述将创意和想法转化为图像或视频画面，这种方式极大地简化了创意内容的制作过程，让创作者能够将更多的精力投入创意和故事的构思中，其操作页面如图 3-1 所示。

图 3-1 即梦 AI 操作页面

3.1.2 了解即梦 AI 的核心功能

即梦 AI 的核心功能主要包括图片生成、智能画布、视频生成以及故事创作。此外，即梦 AI 还提供了一些辅助功能，比如图片参数设置、做同款提示模板、局部重绘和画面扩图等，这些功能共同为用户提供了一个一站式的 AI 创作平台，旨在降低用户的创作门槛，激发无限创意。下面对即梦 AI 的 4 个核心功能进行详细讲解。

扫码看效果

① 图片生成

用户可以通过输入提示词来生成 AI 图片，支持导入参考图以及选择生图模型，生成符合用户需求的图片。图 3-2 所示为使用“图片生成”功能以图生图的效果。

图 3-2 使用“图片生成”功能以图生图的效果

② 智能画布

即梦 AI 的“智能画布”功能是一个创新的工具，它允许用户对现有的图片进行编辑和 AI 重绘，实现二次创作。下面对智能画布的主要功能进行相关讲解。

❶ 扩图功能：用户可以对图片进行扩展，增加图片的尺寸而不丢失质量。在扩图过程中，用户可以输入提示词，AI 会根据这些提示词来保持扩图后的风格与原图一致。如果没有输入提示词，AI 将按照原图的风格进行扩图，原图与效果图对比如图 3-3 所示。

图 3-3 原图与效果图对比

❷ 局部重绘：这项功能允许用户选择图片的某个部分进行重新绘制，用户可以自行决定修改区域和风格。图 3-4 所示为对 AI 图片进行局部重绘的前后对比效果，将黄色的天空和山峰换成了蓝天白云的天空效果。

❸ 高清放大：用户可以利用这个功能将低分辨率的图片通过 AI 技术提升至更高的分辨率，从而获得更清晰的图像。

❹ 消除抠图：该功能可以帮助用户从图片中移除不需要的元素或背景，使得图片更加干净，便于进一步编辑和使用。

图 3-4　对 AI 图片进行局部重绘的前后效果对比

③ 视频生成

“视频生成”功能包括“文本生视频”和“图片生视频”两种模式，用户可以基于文本描述或上传图片来生成视频内容。图 3-5 所示为基于文本生成的视频效果，海浪有变化。

图 3-5　基于文本生成的视频效果

④ 故事创作

“故事创作”功能是一个利用 AI 技术帮助用户生成具有连续性和故事性视频的功能，用户可以通过输入一段描述性文本来启动故事创作过程，包括场景、人物、动作和其他故事元素的描述，该功能目前还在开发中，正式上线还需等待一段时间。

专家指点

用户在使用即梦的核心功能生成内容时，每次会消耗 1 ～ 12 积分，难度越大，花费越多，等待的时间也就越长。

3.2 学会登录即梦 AI 平台

使用即梦 AI 生成 AI 作品之前，首先需要打开即梦 AI 网站，并登录相关账号，才可以进行 AI 绘画。本节主要介绍登录即梦 AI 平台的两种操作方法。

3.2.1 扫码授权登录即梦 AI 平台

扫码看教学

在即梦 AI 的登录页面中，如果用户有抖音账号，就可以打开手机中的抖音 App，然后扫码授权登录即梦 AI 平台，具体操作步骤如下。

STEP 01 在电脑中打开相应浏览器，输入即梦 AI 的官方网址，打开官方网站，然后在网页的右上角位置单击“登录”按钮，如图 3-6 所示。

图 3-6 单击“登录”按钮（1）

STEP 02 进入相应页面，选中相关的协议复选框，然后单击“登录”按钮，如图 3-7 所示。

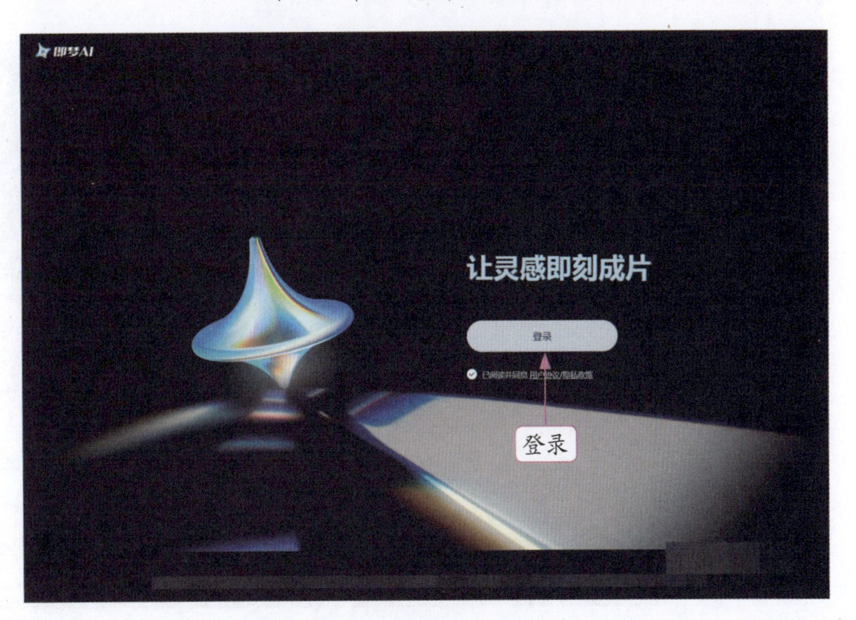

图 3-7 单击“登录”按钮（2）

STEP 03 弹出“抖音授权登录”窗口，打开“扫码授权”选项卡，再打开手机上的抖音 App，然后用手机扫描选项卡中的二维码，如图 3-8 所示。

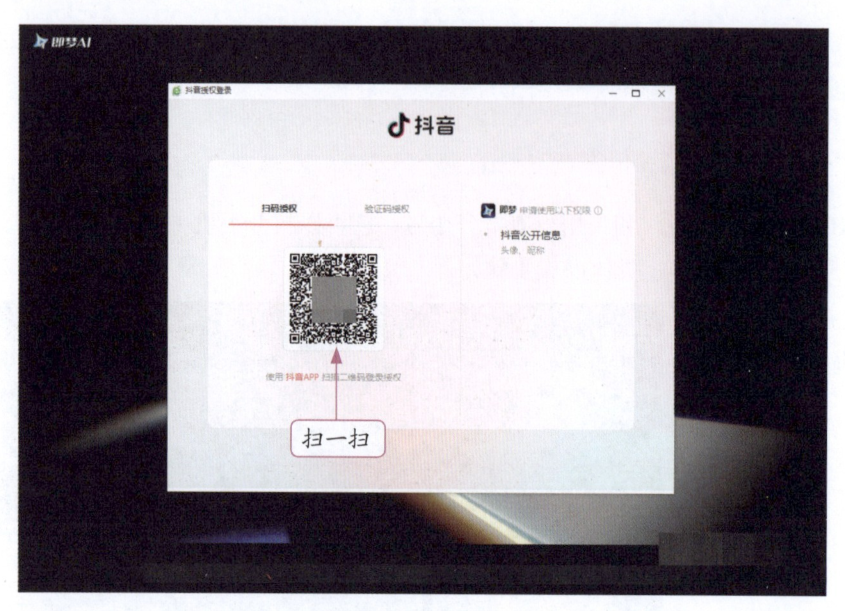

图 3-8　扫描二维码

专家指点

如果用户没有抖音账号，可以在手机的应用商店中下载抖音 App，通过手机号码注册、登录，然后打开抖音 App 界面，点击左上角的☰按钮，在打开的下拉菜单中点击“扫一扫”按钮，即可进入扫一扫界面。

STEP 04 执行操作后，在手机上同意授权，即可登录即梦 AI 账号，右上角显示了抖音账号的头像，表示登录成功，如图 3-9 所示。

图 3-9　右侧显示了抖音账号的头像

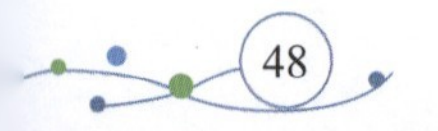

3.2.2 验证码授权登录即梦 AI 平台

用户也可以使用手机号码验证授权登录即梦 AI 平台，具体操作步骤如下。

STEP 01 打开即梦 AI 官方网站，在网页的右上角位置，单击“登录”按钮，进入相应页面，选中相关的协议复选框，然后单击“登录”按钮，如图 3-10 所示。

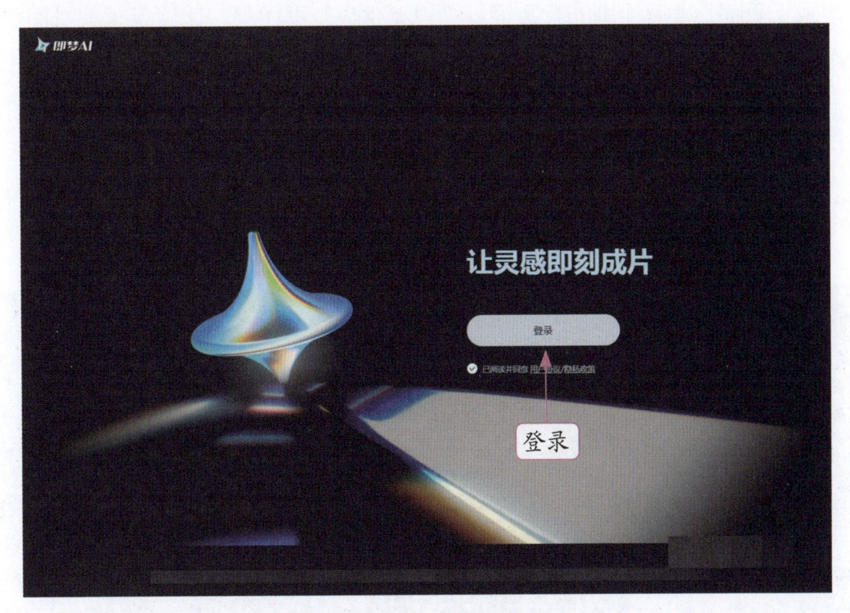

图 3-10　单击“登录”按钮

STEP 02 弹出“抖音授权登录”窗口，❶切换至“验证码授权”选项卡，在上方输入手机号码与验证码；❷单击“抖音授权登录”按钮，如图 3-11 所示，选中“已阅读并同意用户协议与隐私政策”复选框，即可登录即梦 AI 平台。

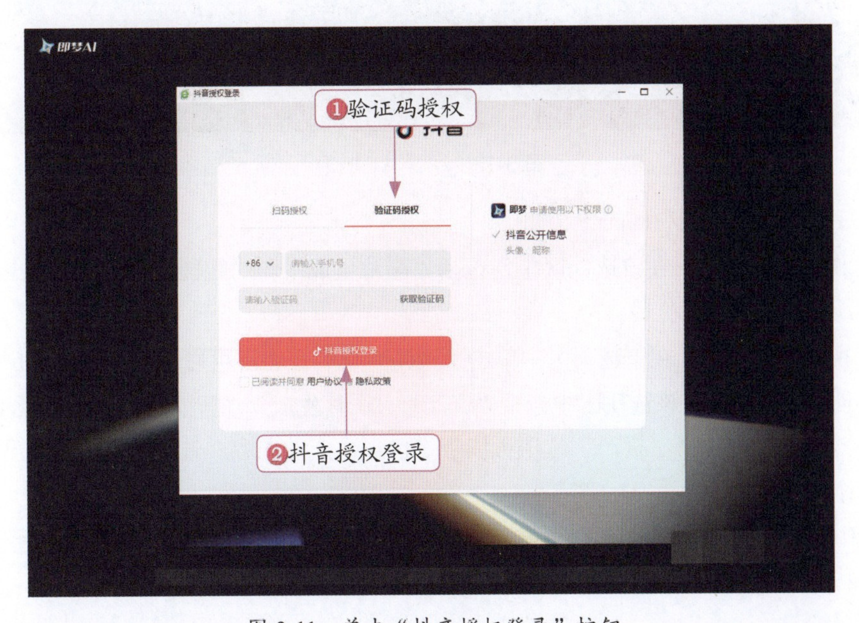

图 3-11　单击“抖音授权登录”按钮

3.3 了解即梦 AI 页面各功能

使用即梦 AI 平台进行 AI 创作之前，还需要掌握即梦 AI 页面的各功能模块，了解相应的操作页面，可以使 AI 创作更加高效。本节主要介绍即梦 AI 平台的 5 个常用页面，如即梦 AI 首页、“探索”页面、“图片生成”页面、“智能画布”页面、“视频生成”页面等，让读者了解页面中的相关功能，提升 AI 创作效率。

3.3.1 了解即梦 AI 首页

在即梦 AI 首页中，包括“AI 作图”“AI 视频”“AI 创作”等选项区，还有社区作品欣赏区域，如图 3-12 所示。

扫码看教学

图 3-12 即梦 AI 首页

在即梦 AI 首页中，各选项区的含义如下。

❶ “AI 作图”选项区：在该选项区中，包括“图片生成”与“智能画布”两个按钮，单击相应的按钮，就可以生成 AI 绘画作品。

❷ “AI 视频”选项区：在该选项区中单击“视频生成”按钮，可以创作并生成 AI 视频作品。

❸ “AI 创作”选项区：该选项区中包括“资产”“图片生成”“智能画布”“视频生成”与“故事创作”5 个选项，其中选择“资产”选项可以查看已经生成的内容，选择另外 4 个选项，可以进行相应的 AI 创作。

❹ 社区作品欣赏区域：该区域中包括“图片”“视频”与“短片”三个选项卡，其中展示了其他用户创作和分享的 AI 作品，单击相应作品可以放大预览，如图 3-13 所示。

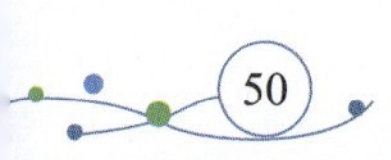

图 3-13　放大预览作品效果

3.3.2　了解“探索”页面

在即梦 AI 首页的左侧，选择“探索”选项，切换至“探索”页面，如图 3-14 所示，其中包括“图片”“视频”与“短片”三个选项卡，用户可以在其中分享自己的创作，通过查看别人的作品获取灵感，并与其他创作者进行交流。

扫码看教学

图 3-14　切换至“探索”页面

在“图片”选项卡中，单击“国风美学”标签，切换至“国风美学”选项卡，其中显示了其他用户创作与分享的 AI 国风美学作品，如图 3-15 所示。其他用户可以在这里寻找创作的灵感，通过观察他人的作品，用户可以获得创意和启发。

图 3-15　其他用户创作与分享的 AI 国风美学作品

在“图片”选项卡中，单击“绘本插画”标签，切换至“绘本插画”选项卡，其中显示了其他用户创作与分享的 AI 绘本插画效果，如图 3-16 所示。用户通过研究社区中的插画作品，可以了解不同提示词和参数设置对生成效果的影响。

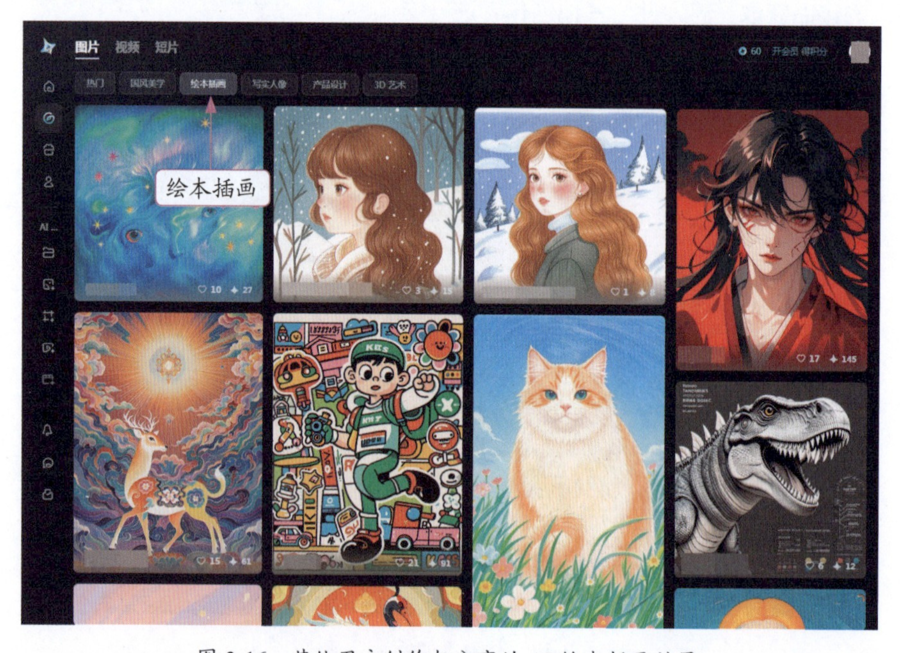

图 3-16　其他用户创作与分享的 AI 绘本插画效果

在“图片”选项卡中，单击“写实人像”标签，切换至“写实人像”选项卡，其中显示了其他用户创作与分享的 AI 人像摄影作品，将鼠标指针移至相应 AI 人像摄影作品上，单击“做同款”按钮，如图 3-17 所示，即可制作同款 AI 摄影作品。

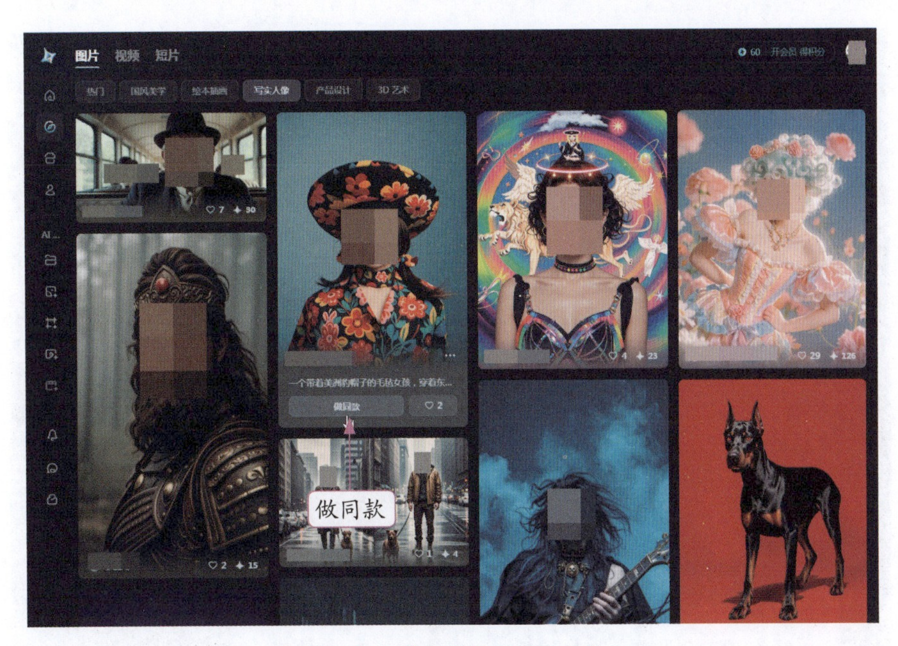

图 3-17　单击“做同款”按钮

在“图片”选项卡中，单击“产品设计”标签，切换至“产品设计”选项卡，其中显示了其他用户创作与分享的 AI 设计作品，如图 3-18 所示。用户可以在这里寻找产品设计的灵感，激发想象力和创造力。

图 3-18　其他用户创作与分享的 AI 设计作品

在“图片”选项卡中，单击“3D 艺术”标签，切换至“3D 艺术”选项卡，其中显示了其他用户创作与分享的 3D 艺术作品，如图 3-19 所示。用户可以在这里寻找 3D 作品的灵感，通过观察他人的作品，用户可以获得创意和启发。

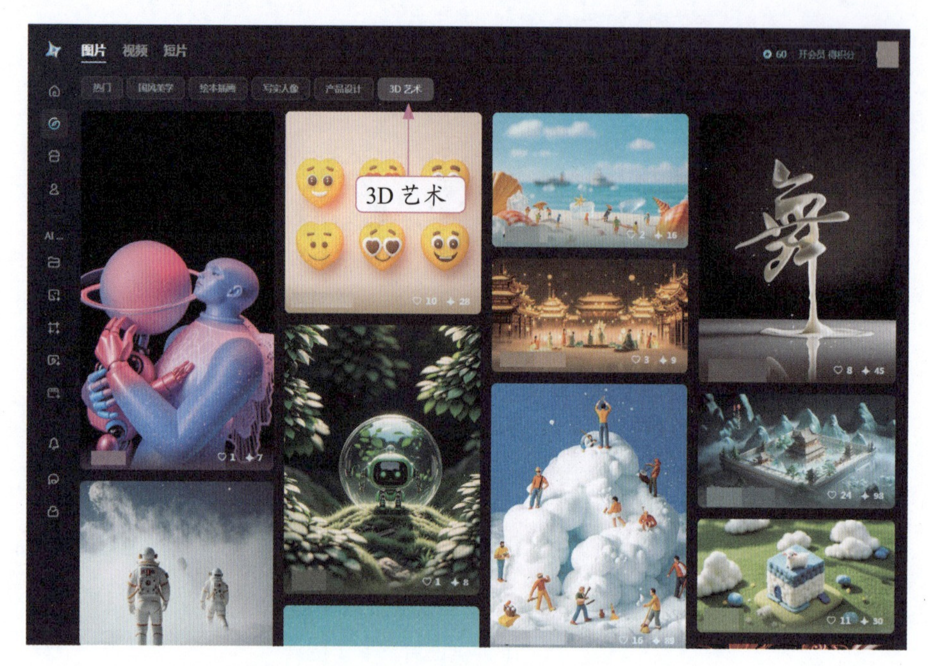

图 3-19 其他用户创作与分享的 3D 艺术作品

在“探索”页面中，单击上方的“视频”标签，切换至“视频”选项卡，其中显示了其他用户创作与分享的 AI 视频作品，将鼠标指针移至相应的 AI 视频作品上，单击“做同款”按钮，如图 3-20 所示，即可制作同款 AI 视频效果。

图 3-20 单击“做同款”按钮

在“探索”页面中，单击上方的“短片”标签，切换至“短片”选项卡，其中显示了其他用户创作与分享的 AI 短片作品，如图 3-21 所示。

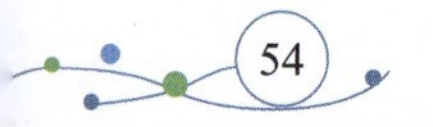

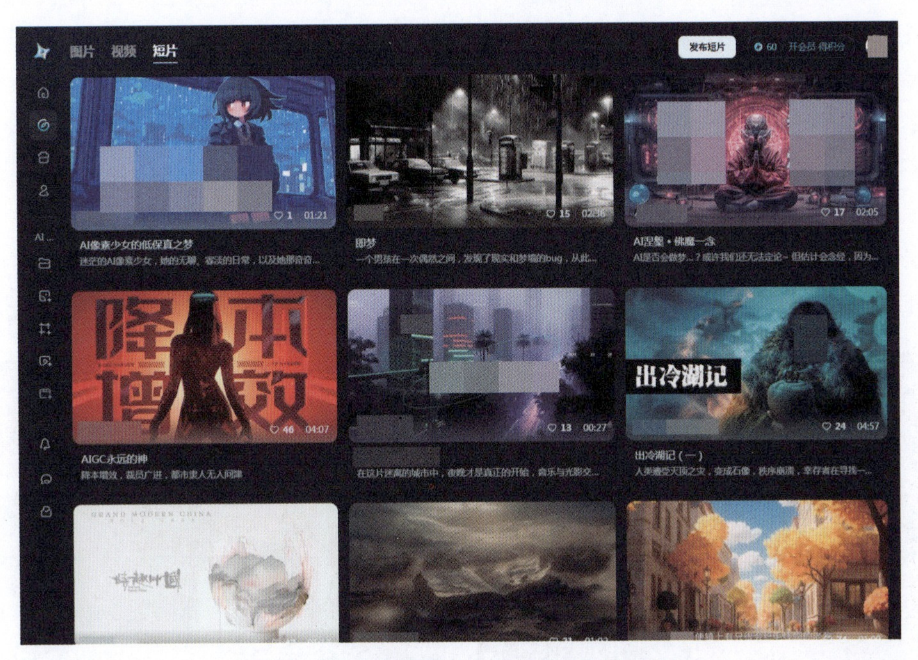

图 3-21　其他用户创作与分享的短片作品

3.3.3　了解“图片生成”页面

即梦 AI 的“图片生成”页面是一个用户交互页面，它允许用户通过输入描述和调整参数来生成图片，主要包括以文生图、以图生图两种 AI 作图功能。在“图片生成”页面中，各主要功能如图 3-22 所示。

扫码看教学

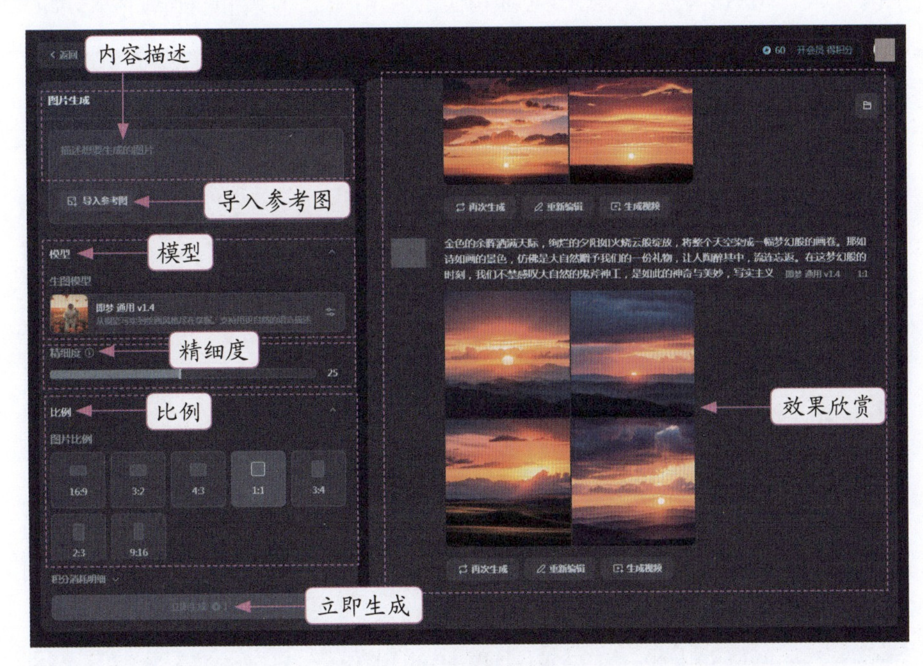

图 3-22　“图片生成”页面

在“图片生成”页面中，各主要功能含义如下。

❶ 内容描述：用户可以在这里输入描述性文本，告诉 AI 模型你想要生成的图片类型，这些描述包括场景、对象、风格和颜色等信息。

❷ 导入参考图：单击该按钮，用户可以上传一张参考图片，帮助 AI 更好地理解用户想要生成的图片风格或内容。在上传参考图片的过程中，会弹出“参考图”对话框，在其中用户可以选择想要参考的图片内容，如主体、人物长相、角色形象、边缘轮廓、景深以及人物姿势等，如图 3-23 所示；单击对话框右侧的“生图比例 1:1”按钮，如图 3-24 所示，在弹出的面板中可以设置图片的比例。

图 3-23　弹出“参考图”对话框

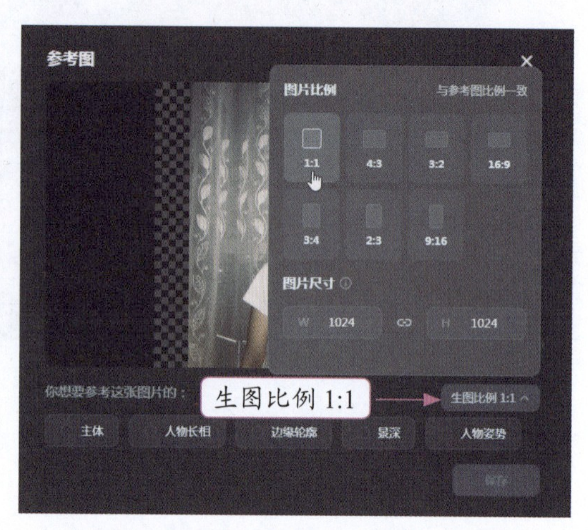

图 3-24　单击“生图比例 1:1”按钮

❸ 模型：在“生图模型”列表框中，用户可以选择不同的 AI 模型来生成图片，不同的模型擅长不同类型的图像生成，如摄影写实、中国元素、非写实的艺术风格、日漫和插画风格等，如图 3-25 所示。

图 3-25　选择不同的 AI 模型来生成图片

❹ 精细度：拖曳“精细度”下方的滑块，可以调整生成图片的清晰度或细节水平，参数越低，生成的图片质量越低，生图时间越快；参数越高，生成的图片质量越高，生图时间越长。AI 图片的对比效果如图 3-26 所示，左图的“精细度”为 10，右图的“精细度”为 50，从图片效果来看，不管是构图，还是细节处理，右图比左图要漂亮、自然得多。

图 3-26　不同精细度的 AI 图片对比效果

❺ 比例：在该选项区中，用户可以根据需要生成特定尺寸的图片，以满足不同场景的应用需求，包括 16:9、3:2、4:3、1:1、3:4、2:3、9:16。图 3-27 所示为 3:2 尺寸的图片，图 3-28 所示为 3:4 尺寸的图片。

图 3-27　3:2 尺寸的 AI 图片

图 3-28　3:4 尺寸的 AI 图片

❻ 立即生成：单击该按钮，即可生成图片。

❼ 效果欣赏：在该区域中，可以查看即梦 AI 生成的作品。

3.3.4 了解“智能画布”页面

扫码看教学

即梦 AI 的“智能画布”是一个多功能的图片编辑工具，允许用户对生成的图片进行进一步的编辑和创作，其页面如图 3-29 所示。

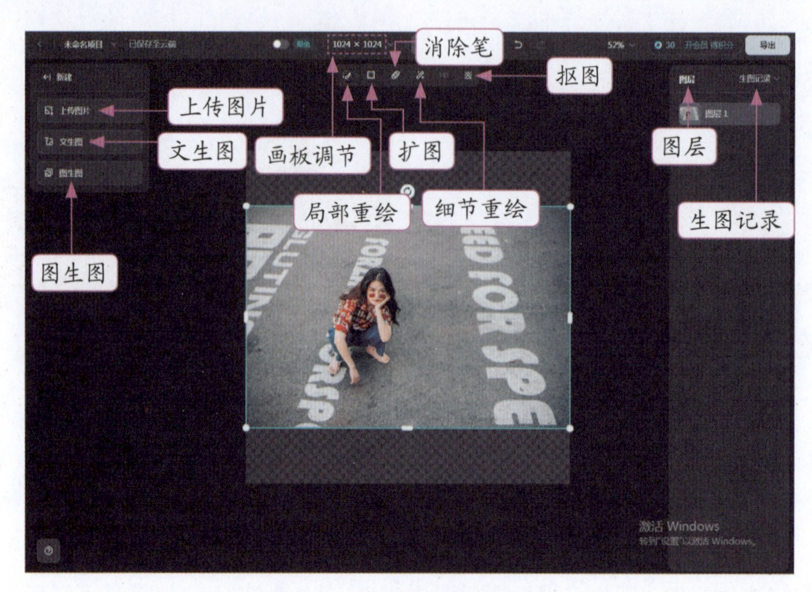

图 3-29 “智能画布”页面

在“智能画布”页面中，各主要按钮的功能含义如下。

❶ 上传图片：用户可以上传 AI 生成的图片或自己提供的图片，作为编辑和二次创作的基础。

❷ 文生图：通过文本描述可以重新生成新的图片，“新建文生图”页面如图 3-30 所示。

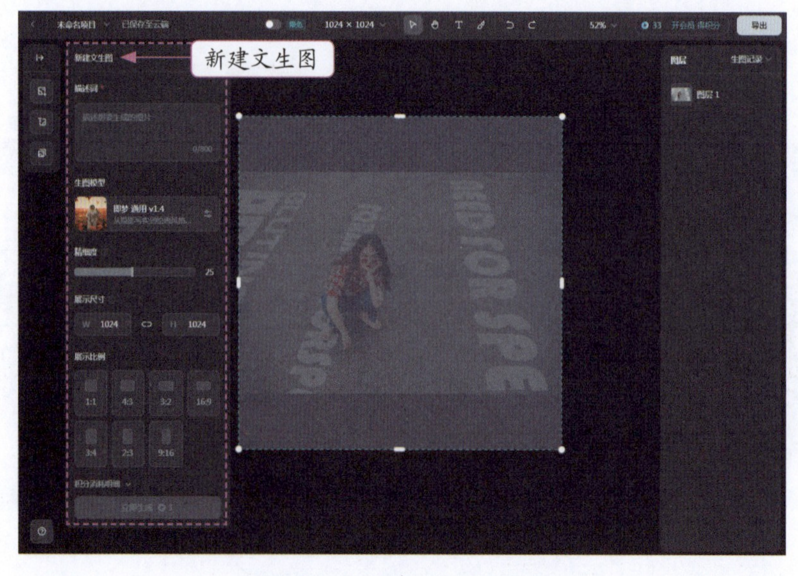

图 3-30 “新建文生图”页面

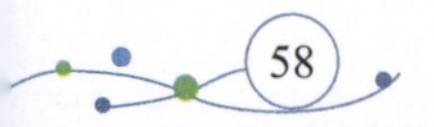

❸ 图生图：以图生图混合图像，可以输入描述词，设置图片的参考程度，在已有的图片中生成新的图像，作为二次创作的基础，“新建图生图”页面如图 3-31 所示。

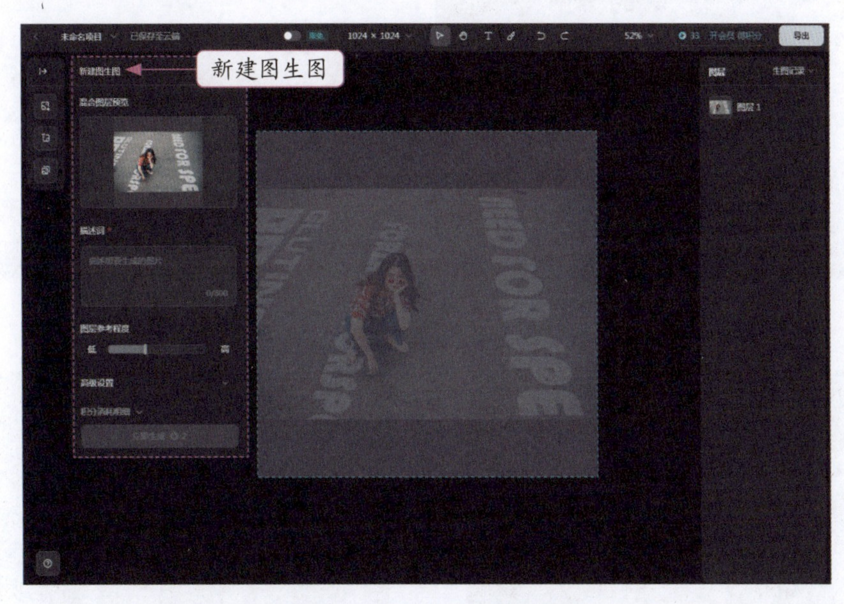

图 3-31 “新建图生图”页面

❹ 画板调节：单击 1024 × 1024 右侧的下三角按钮，在弹出的“画板调节”面板中，可以设置画板的尺寸与比例，如图 3-32 所示，单击“应用”按钮，即可完成设置。

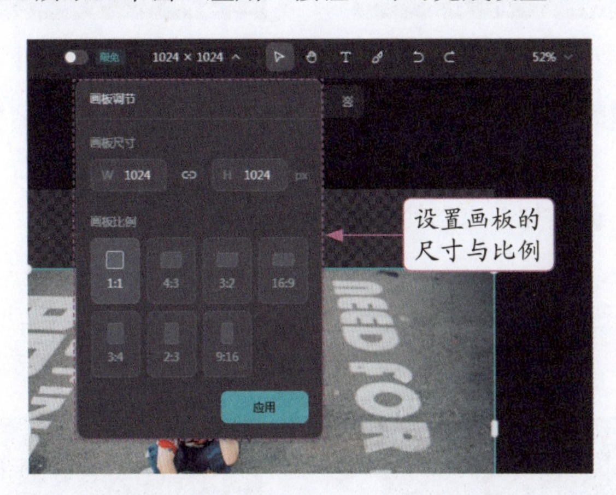

图 3-32 设置画板的尺寸与比例

❺ 选中工具：在页面上方选中工具，如图 3-33 所示，可以用来选中画板中的图片对象，调整图片对象的大小、位置和旋转等属性，如图 3-34 所示。

❻ 移动工具：在页面上方选中工具，可以对整个画板进行移动操作。

❼ 局部重绘：单击按钮，将弹出“局部重绘”对话框，在其中用户可以选择图片的特定区域进行重新绘制，如图 3-35 所示。

❽ 扩图：单击按钮，将弹出“扩图”对话框，在其中设置相应的比例，可以扩展图片的边界，增加图片的尺寸，如图 3-36 所示。

图 3-33 选择工具

图 3-34 调整图片属性

图 3-35 弹出"局部重绘"对话框

图 3-36 弹出"扩图"对话框

❾ 消除笔：单击按钮，将弹出"消除笔"对话框，涂抹相应的图像区域，如图 3-37 所示，可以使用 AI 技术从图片中移除不需要的元素或背景。

❿ 无损超清HD：单击HD按钮，可以使用 AI 技术提升图片的分辨率，使低分辨率图片变得更加清晰。

⓫ 抠图：单击按钮，将弹出"抠图"对话框，此时 AI 模型会自动识别主体对象，如图 3-38 所示；单击"抠图"按钮，即可抠取图像与背景合成，效果如图 3-39 所示。

图 3-37 涂抹相应的图像区域

图 3-38 AI 模型会自动识别主体对象

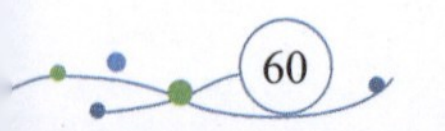

⓬ 图层：在该列表框中，用户可以对图片的不同元素进行分层管理，方便编辑和调整，如图 3-40 所示。

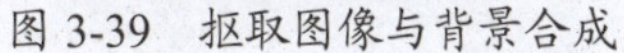

图 3-39　抠取图像与背景合成

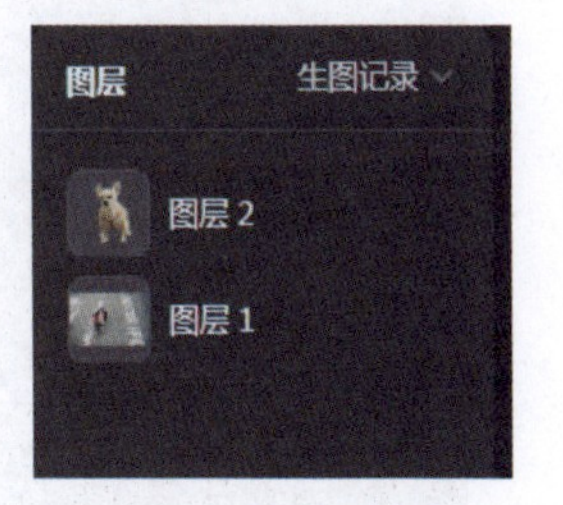

图 3-40　查看图层

⓭ 生图记录：通过选择不同的图层，可以查看 AI 图片的生图记录。

3.3.5　了解“视频生成”页面

在即梦 AI 平台的“视频生成”页面中，用户可以利用 AI 生成相应的视频内容，“视频生成”页面如图 3-41 所示，主要包括“文本生视频”和“图片生视频”两种 AI 视频功能。

扫码看教学

图 3-41　“视频生成”页面

在“视频生成”页面中，各主要功能含义如下。

❶ 文本生视频：单击该标签，切换至“文本生视频”选项卡，如图 3-42 所示，用户可以在上方文本框中输入一段描述性文本，AI 将会根据这段文本生成视频内容。

图 3-42　切换至“文本生视频”选项卡

❷ 图片生视频：单击该标签，切换至“图片生视频”选项卡，在其中用户可以进行以图生视频的相关操作。

❸ 上传图片：单击该按钮，将弹出“打开”对话框，在其中用户可以上传一张图片，AI 模型将基于这张图片生成视频。

❹ 运镜类型：在该列表框中，可以选择镜头的运动方式，如推进、拉远以及旋转等。

❺ 视频比例：在该选项区中，可以设置视频的宽高比，如 16:9、4:3、1:1 等，以适应不同的播放平台。需要用户注意的是，在“文本生视频”选项卡中可以选择视频的宽高比，如图 3-43 所示；在“图片生视频”选项卡中，AI 模型将根据图片的比例自动处理，暂不支持单独设置视频的宽高比，如图 3-44 所示。

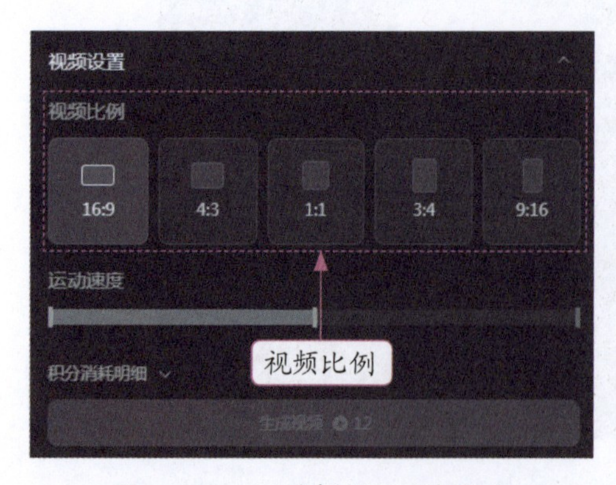

图 3-43　可以选择视频的宽高比

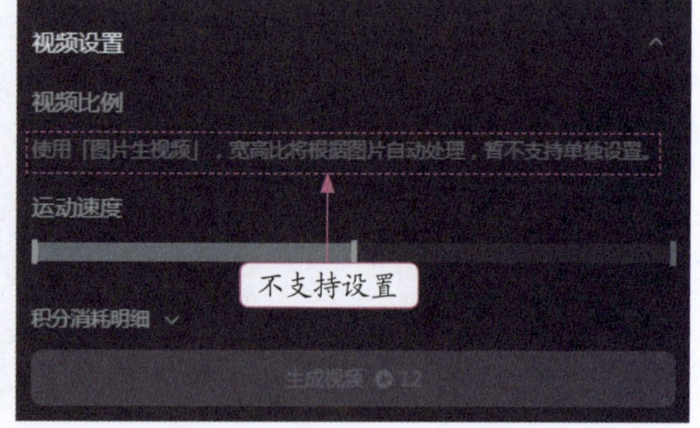

图 3-44　暂不支持单独设置视频的宽高比

❻ 效果欣赏：在该区域中，可以查看即梦 AI 生成的视频效果。

专家指点

用户在使用即梦 AI 生成视频时，具体可以参考本书第 5 章 5.4 节的两个文生视频操作案例。

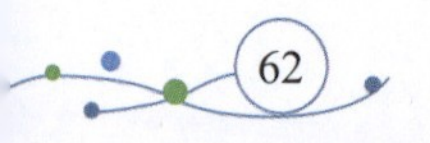

3.4 学会使用即梦 AI 进行绘画

AI 绘画是一门具有高度艺术性和技术性的创意活动。其中，风光、人像和国风插画作为热门的主题，在用这些主题的 AI 图片展现瞬间之美的同时，也体现了用户对生活、自然和世界的独特见解与审美体验。另外，即梦 AI 还可以帮助设计师快速生成创意包装设计，提供灵感和新的设计方向。本节将通过两个案例，详细介绍 AI 图片生成的方法。

3.4.1 学会生成山水风光图片

山水风光是一种旨在捕捉自然美的摄影艺术，在进行 AI 绘画时，用户需要通过构图、光影以及色彩等提示词，用 AI 生成自然景色的照片，展现出大自然的魅力和神奇之处，将想象中的风景变成风光摄影大片，效果如图 3-45 所示。

扫码看教学

图 3-45 效果欣赏

下面介绍生成山水风光图片的操作方法。

STEP 01 打开即梦 AI 官方网址，在“AI 作图”选项区中单击“图片生成”按钮，进入“图片生成”页面，在左上方的输入框中，输入 AI 绘画的提示词，如图 3-46 所示，对山水风光的细节进行详细描述，包括主体、光效、场景、背景、色彩以及分辨率等。

STEP 02 展开“比例”选项区，选择 3:2 选项，如图 3-47 所示，这种比例有足够的空间来安排主体和背景，使构图更加灵活。

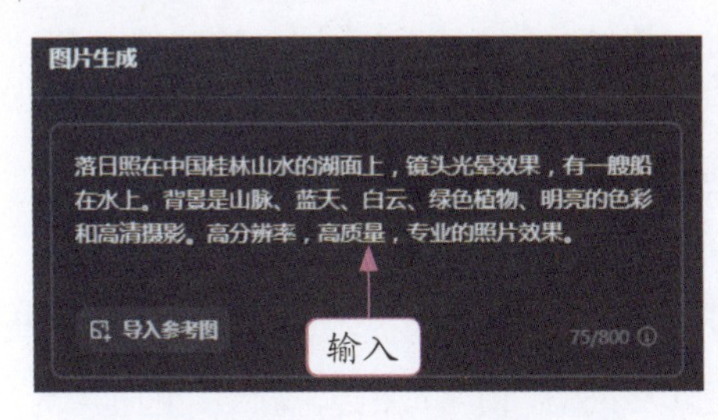

图 3-46 输入绘画的提示词

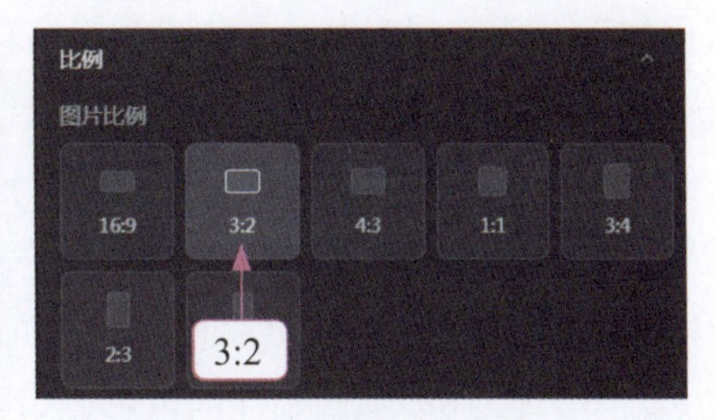

图 3-47 选择 3:2 选项

STEP 03 单击“立即生成”按钮，即可生成 4 幅 3:2 尺寸的山水风光图片，如图 3-48 所示。

图 3-48　生成 4 幅 3:2 尺寸的山水风光图片

STEP 04 在第 2 幅 AI 图片上单击“超清图”按钮，即可生成一张超清晰的图片，图片左上角显示了“超清图”字样，图片的分辨率增加了，图像的质量也提高了，效果如图 3-49 所示。

图 3-49　生成一张超清晰的图片

3.4.2　学会生成人像摄影图片

在所有的摄影题材中，人像的拍摄占据着非常大的比例，因此如何用 AI 生成人像照片也是很多初学者急切希望学会的。多学、多看、多练、多积累关键词，这些都是利用 AI 创作优质人像摄影作品的必经之路。

生活人像是一种以真实生活场景为背景的人像摄影形式，追求自然、真实和情感的表达，强调生活中的细微瞬间，让观众感受到真实而独特的人物故事。

在使用即梦 AI 生成生活人像照片时，需要加入一些人物细节的提示词，例如人物的妆容、皮肤、发型、服装以及情绪等，还要强调画面的色彩、构图以及氛围，使生成的人物照片更加真实，更有质感，效果如图 3-50 所示。

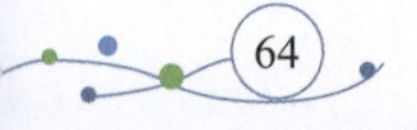

图 3-50　效果欣赏

下面介绍生成人像摄影图片的操作方法。

STEP 01 打开即梦 AI 官方网址，在“AI 作图”选项区中单击“图片生成”按钮，进入“图片生成”页面，在左上方的输入框中，❶输入 AI 绘画的提示词，对人像的细节进行详细描述，包括妆容、皮肤、发型以及服装等，对镜头和场景也要进行相关描述，然后添加电影打光和女主氛围感；❷展开“比例”选项区，选择 3:4 选项，如图 3-51 所示。

STEP 02 单击“立即生成”按钮，即可生成 4 幅 3:4 尺寸的人像图片，如图 3-52 所示。

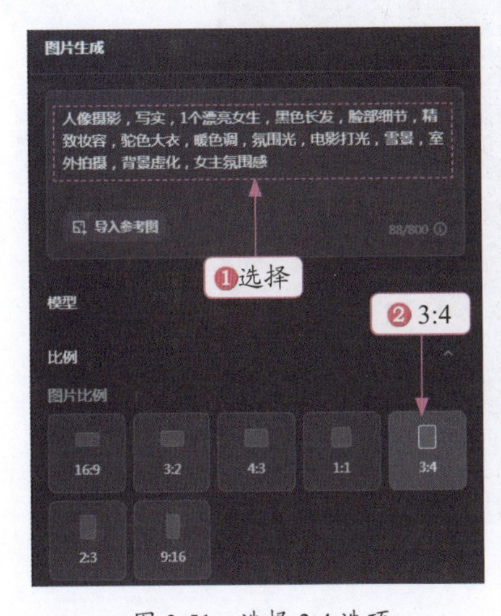

图 3-51　选择 3:4 选项

图 3-52　生成 4 幅 3:4 尺寸的人像图片

STEP 03 如果用户对生成的人像图片不满意，可以单击下方的“重新编辑”按钮，继续在文本框中添加相应的质感类提示词，例如：“真实的照片，斜侧角度视图，最佳画质，高细节”，如图 3-53 所示，使生成的人像图片具有最佳画质和高细节。

STEP 04 单击“立即生成”按钮，重新生成 4 幅人像图片，重新生成的人像图片光线更好，细节更清晰，更有质感，效果如图 3-54 所示。

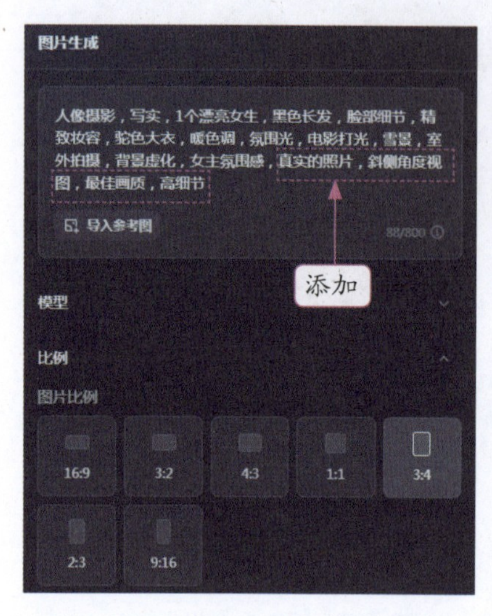

图 3-53　添加相应的质感类提示词

图 3-54　重新生成 4 幅人像图片

STEP 05 在第 1 幅图片上单击“超清图”按钮，即可生成一张超清晰的人像图片，图片左上角显示了“超清图”字样，即可增加图片的分辨率，提高图像的质量，效果如图 3-55 所示，在图片上单击“下载”按钮，可以下载图片。

图 3-55　生成一张超清晰的人像图片

专家指点

人的手指、面部表情以及动物的脚部等细节，具有高度的复杂性和多样性，即梦 AI 模型可能无法完美地平衡这些复杂的因素，导致生成的图片出现逻辑错误或动作不一致的现象，此时用户可以多生成几次，直到生成满意的作品。

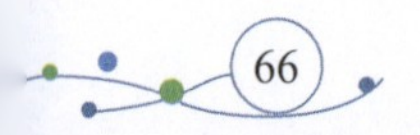

第4章

AI图文成片功能，用文案生成一段视频

章前知识导读

剪映的图文成片功能非常强大，用户只需要提供文案，就能获得一个有字幕、朗读音频、背景音乐和画面的完整视频。本章主要介绍如何使用AI图文成片功能生成视频，帮助读者快速制作短视频。

新手重点索引

- 什么是AI图文成片功能
- 掌握图文成片生成视频的功能

效果图片欣赏

4.1 什么是AI图文成片功能

AI图文成片功能是一种利用人工智能技术，将文字和图片自动结合并转化为视频内容的过程。这一技术通过分析输入的文本内容，自动选取或生成相应的图片、视频片段、动画以及音乐等多媒体元素，快速生成一个完整的视频作品。

4.1.1 剪映中的AI图文成片功能是什么

剪映中的AI图文成片功能是一种创新的视频创作工具，它允许用户通过简单的文字输入来自动生成包含图片、文字、旁白和音乐的完整视频内容。例如，用户只需输入一篇文章或一段文案，AI算法就能识别核心信息，匹配适合的视觉素材，并进行剪辑合成，最终输出一个视频短片。

剪映中的AI图文成片功能生成视频的方式有3种：智能匹配素材、使用本地素材和智能匹配表情包。如果用户对AI生成的视频效果不满意的话，该功能还能进行二次编辑。用户还可以通过替换视频素材、改变文字和音频等方式来调整视频内容，达到令人满意的效果。

总的来说，AI图文成片功能极大地简化了视频的制作流程，降低了用户的创作门槛，尤其适合那些希望在短时间内快速生成视频内容但又缺乏专业视频编辑技能的用户。下面我们介绍AI图文成片功能的特点，如图4-1所示。

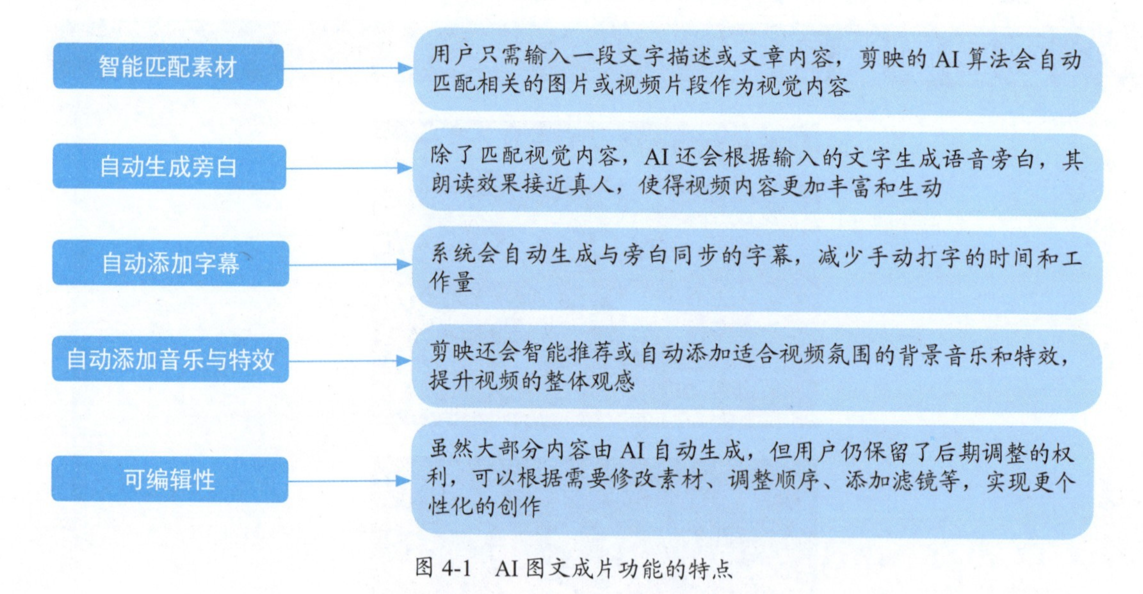

图4-1 AI图文成片功能的特点

4.1.2 剪映中的AI图文成片功能有什么作用

剪映AI图文成片功能是一项专为刚开始视频创作的泛知识用户设计的强大工具，该功能为用户提供了一种高效、便捷的视频创作方式，能满足用户短时间内创作视频的需求，使得没有专业视频编辑技能的用户也能快速制作出具有一定质量的视频内容。该功能主要有4个作用，如图4-2所示。

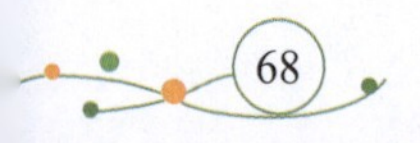

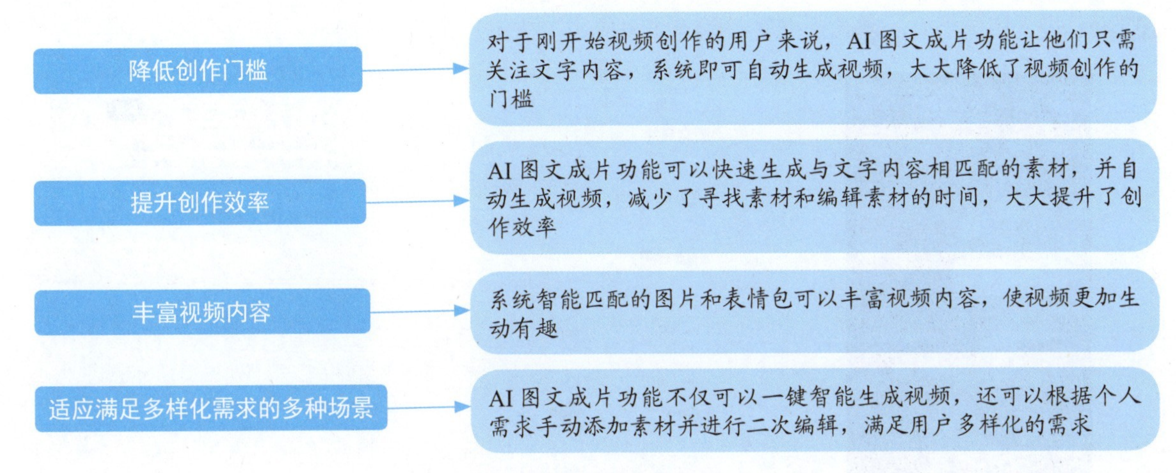

图 4-2　AI 图文成片功能的 4 个作用

4.2 掌握图文成片功能生成视频的技巧

在短视频创作的过程中，用户常常会遇到这样一个问题：怎么又快又好地写出视频文案呢？如何快速生成视频呢？剪映的图文成片功能就能满足这个需求。用户只需要在图文成片面板中粘贴文案或文章链接，单击“应用”按钮，选择喜欢的成片方式，即可借助 AI 生成相应的视频。

本节主要介绍使用图文成片功能生成视频的具体操作方法，帮助读者快速制作出短视频。不过需要注意的是，即使是相同的文案，剪映每次生成的视频也不一样。

4.2.1　学会智能匹配素材生成视频

【效果展示】：图文成片中的智能匹配素材功能，使用户在输入文案或导入链接之后，系统就会为文字自动匹配视频、图片、音频和文字素材，在短时间内快速生成一个完整的短视频，效果如图 4-3 所示。

图 4-3　效果展示

❶ 在剪映手机版中制作

下面介绍在剪映手机版中使用智能匹配素材生成视频的操作方法。

扫码看教学

STEP 01 打开剪映手机版，进入“剪辑”界面，点击“图文成片”按钮，如图 4-4 所示。

STEP 02 进入“图文成片”界面，点击“自由编辑文案”按钮，如图 4-5 所示。

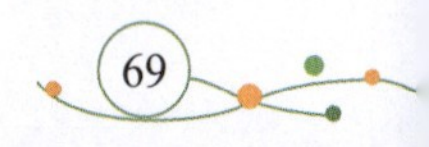

STEP 03 进入相应界面，❶输入文案；❷点击“应用”按钮，如图 4-6 所示。

图 4-4 点击“图文成片”按钮

图 4-5 点击“自由编辑文案”按钮

图 4-6 点击“应用”按钮

STEP 04 弹出“请选择成片方式”面板，选择“智能匹配素材”选项，如图 4-7 所示。

STEP 05 稍等片刻，即可生成一段视频，点击“导出”按钮，如图 4-8 所示，导出视频。

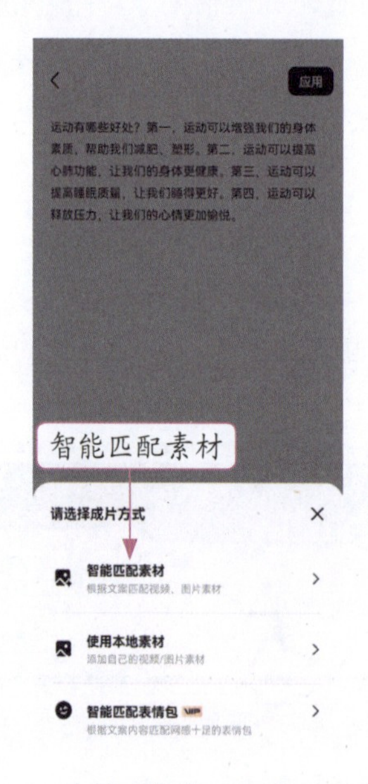

图 4-7 选择“智能匹配素材”选项

图 4-8 点击“导出”按钮

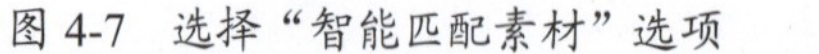

❷ 在剪映电脑版中制作

下面介绍在剪映电脑版中使用智能匹配素材生成视频的操作方法。

STEP 01 进入剪映电脑版首页，单击“图文成片”按钮，如图 4-9 所示。

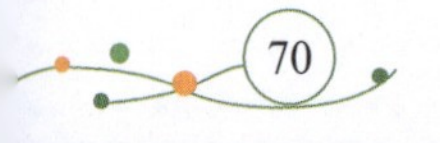

STEP 02 弹出“图文成片”面板，单击“自由编辑文案”按钮，如图 4-10 所示。

图 4-9　单击“图文成片”按钮

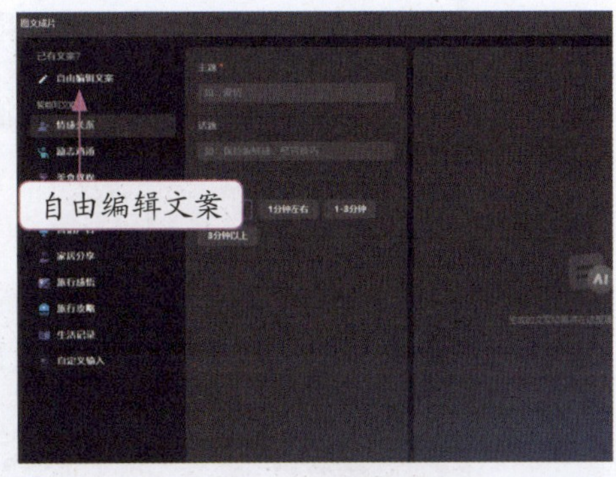

图 4-10　单击“自由编辑文案”按钮

STEP 03 进入相应页面，❶输入文案；❷单击“生成视频”按钮，如图 4-11 所示。

图 4-11　单击“生成视频”按钮

STEP 04 弹出“请选择成片方式”面板，选择“智能匹配素材”选项，如图 4-12 所示。

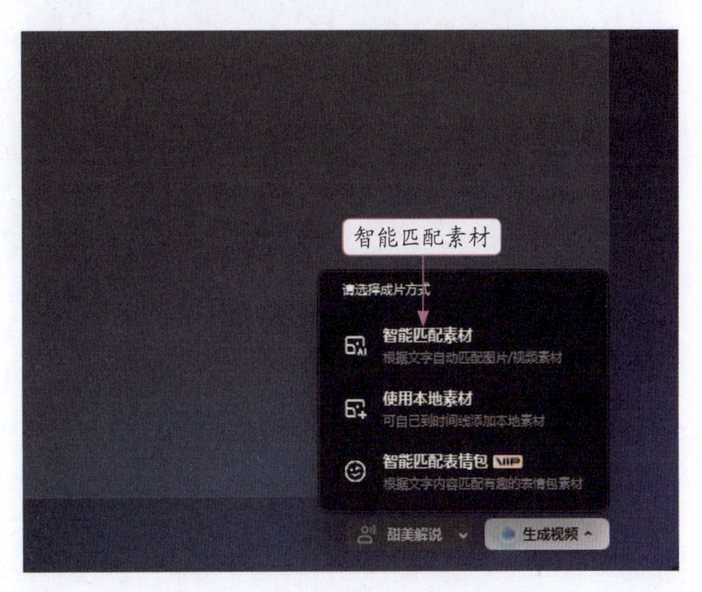

图 4-12　选择“智能匹配素材”选项

STEP 05 稍等片刻，即可生成一段视频，单击“导出”按钮，如图 4-13 所示，导出视频。

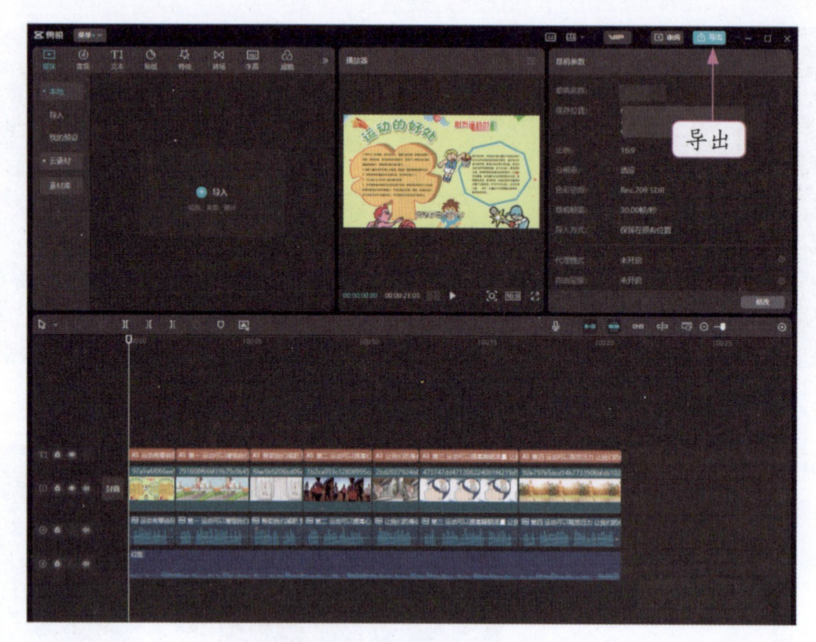

图 4-13 单击“导出”按钮

4.2.2 学会使用本地素材生成视频

【效果展示】：在进行图文成片的制作过程中，不仅可以智能地匹配素材，还可以手动添加本地相册中的视频或者图片素材，让视频制作过程更加灵活、自由，用户的操作空间更广泛，效果如图 4-14 所示。

图 4-14 效果展示

1 在剪映手机版中制作

下面介绍在剪映手机版中使用本地素材的操作方法。

扫码看教学

STEP 01 打开剪映手机版，进入“剪辑”界面，点击“图文成片”按钮，进入“图文成片”界面，❶输入文案；❷点击“应用”按钮，如图 4-15 所示。

STEP 02 弹出“请选择成片方式”面板，选择“使用本地素材”选项，如图 4-16 所示。

STEP 03 稍等片刻，即可生成一段视频，点击视频空白处的“添加素材”按钮，如图 4-17 所示。

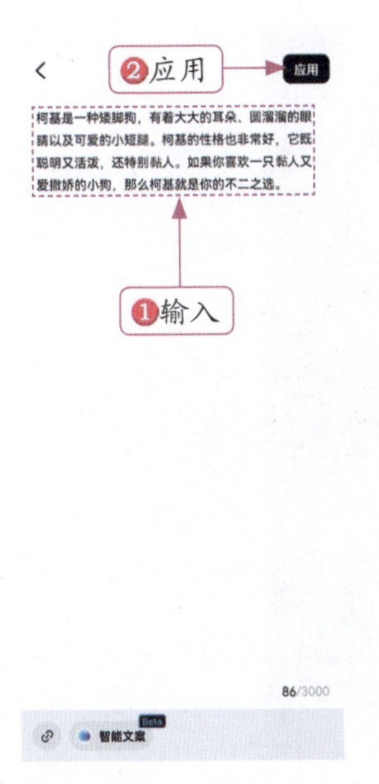

图 4-15　点击“应用”按钮　图 4-16　选择“使用本地素材”选项　图 4-17　点击“添加素材”按钮

STEP 04 弹出相应界面，❶切换至“照片视频”，再切换到“照片”选项卡；❷选择第 1 张小狗图片，如图 4-18 所示。

STEP 05 ❶点击第 2 段空白处；❷选择第 2 张小狗图片，如图 4-19 所示。

STEP 06 ❶点击第 3 段空白处；❷选择第 3 张小狗图片，如图 4-20 所示。

图 4-18　选择第 1 张小狗图片　图 4-19　选择第 2 张小狗图片　图 4-20　选择第 3 张小狗图片

STEP 07 ❶点击第 4 段空白处；❷选择第 4 张小狗图片；如图 4-21 所示。

STEP 08 ❶点击第 5 段空白处；❷选择第 5 张小狗图片；❸点击☒按钮，确认更改，如图 4-22 所示，最后点击“导出”按钮，导出视频。

图 4-21　选择第 4 张小狗图片

图 4-22　点击相应按钮

❷ 在剪映电脑版中制作

下面介绍在剪映电脑版中使用本地素材生成视频的操作方法。

扫码看教学

STEP 01 进入剪映电脑版首页，单击“图文成片”按钮，进入“图文成片”界面，单击“自由编辑文案”按钮，❶输入文案；❷单击“生成视频”按钮，如图 4-23 所示。

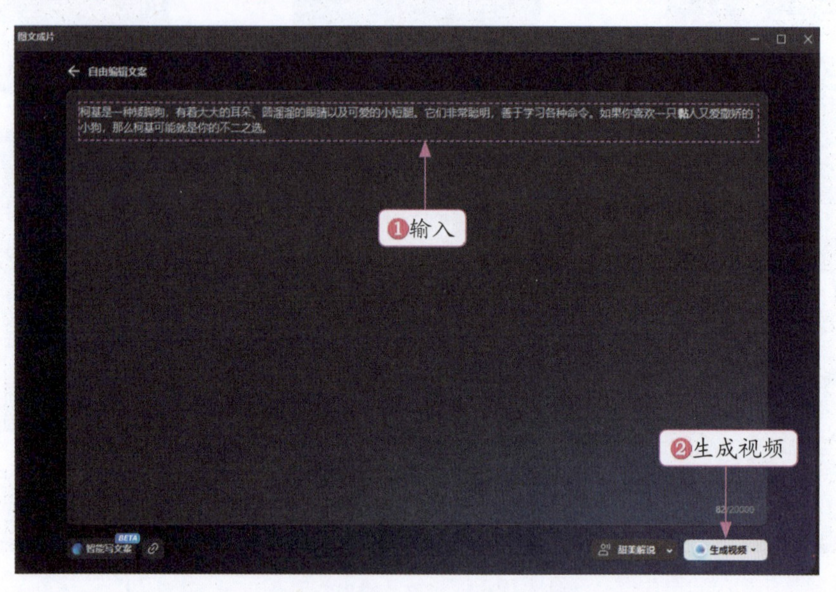

图 4-23　单击“生成视频”按钮

STEP 02 弹出“请选择成片方式”面板，选择“使用本地素材”选项，如图 4-24 所示。

STEP 03 稍等片刻，即可生成视频，为了添加素材，进入“媒体”功能区，在“本地”选项卡中单击“导入”按钮，如图 4-25 所示。

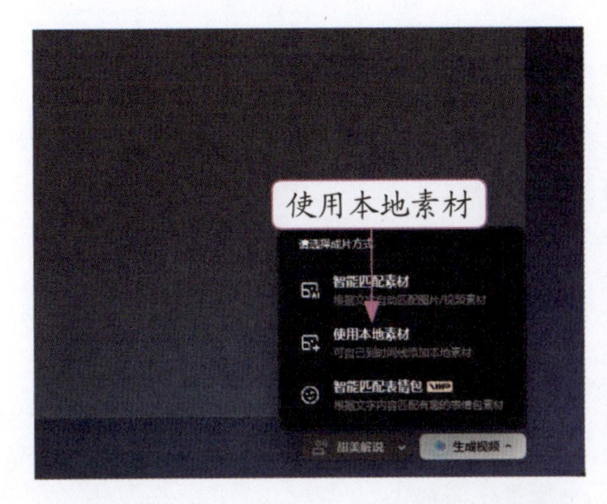

图 4-24 选择“使用本地素材”选项

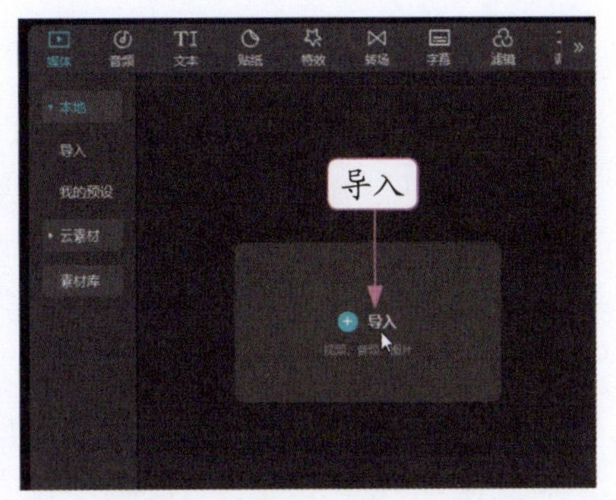

图 4-25 单击“导入”按钮

STEP 04 弹出“请选择媒体资源”对话框，❶在相应的文件夹中，按 Ctrl + A 组合键全选 5 张图片素材；❷单击“打开”按钮，如图 4-26 所示，导入素材。

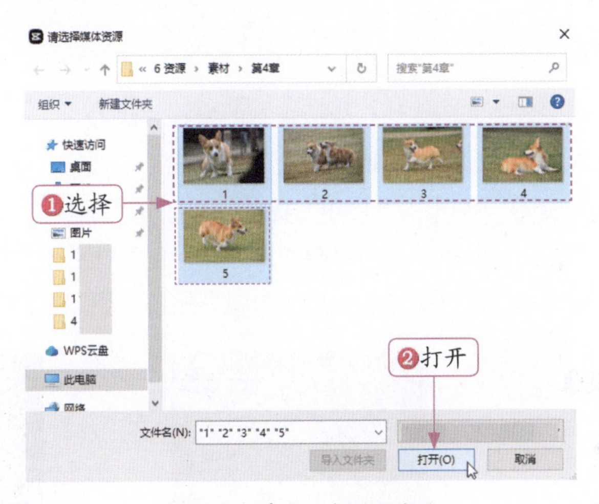

图 4-26 单击“打开”按钮

STEP 05 单击第 1 段素材右下角的“添加到轨道”按钮，如图 4-27 所示，依次把 5 段素材添加到视频轨道中。

STEP 06 根据每段音频和文字素材的时长，调整图片的时长，使其相互对齐，如图 4-28 所示，最后单击“导出”按钮，导出视频。

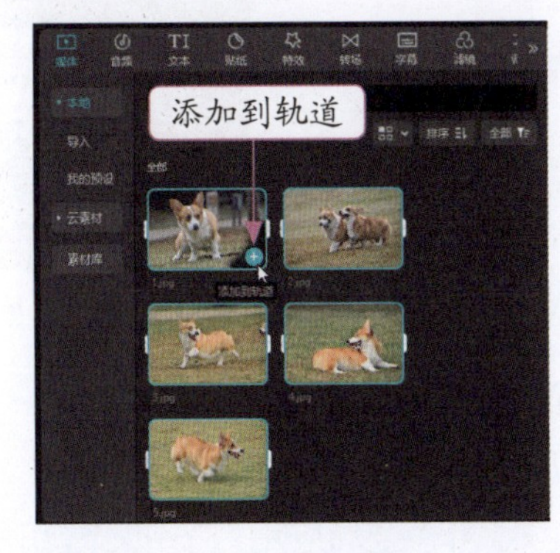

图 4-27 单击“添加到轨道”按钮

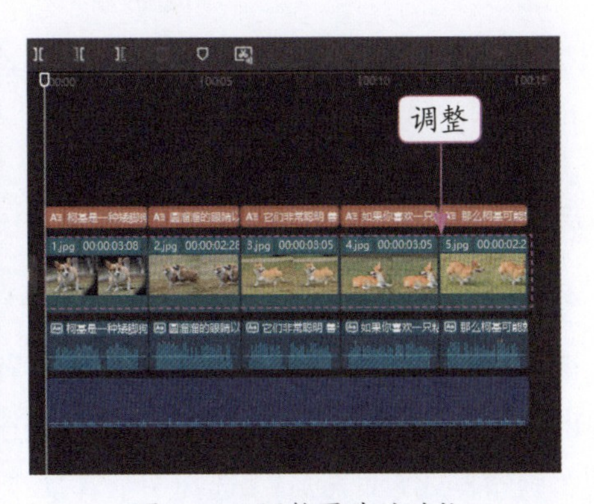

图 4-28 调整图片的时长

4.2.3 学会智能匹配表情包生成视频

【效果展示】在图文成片中，AI还可以根据文案内容匹配网感十足的表情包，让视频更有幽默感，不过使用该功能需要开通剪映会员，效果如图4-29所示。

图4-29 效果展示

❶ 在剪映手机版中制作

下面介绍在剪映手机版中智能匹配表情包生成视频的操作方法。

STEP 01 打开剪映手机版，进入“剪辑”界面，点击“图文成片”按钮，进入“图文成片”界面，❶输入文案；❷点击“应用”按钮，如图4-30所示。

STEP 02 弹出“请选择成片方式”面板，选择“智能匹配表情包”选项，如图4-31所示。

STEP 03 稍等片刻，即可生成一段视频，点击“导入剪辑”按钮，如图4-32所示。

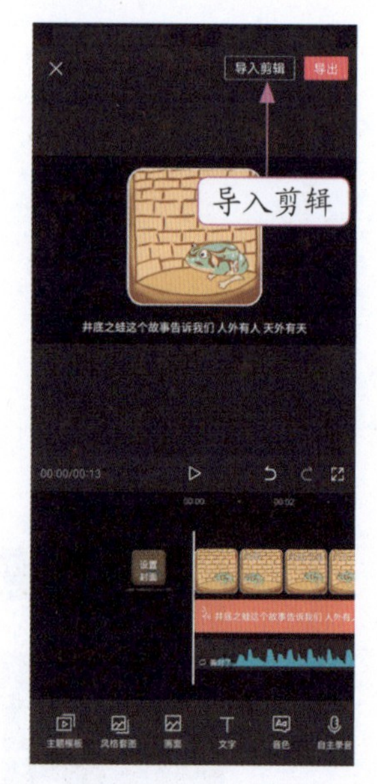

图4-30 点击“应用”按钮　图4-31 选择“智能匹配表情包”选项　图4-32 点击“导入剪辑”按钮

STEP 04 进入视频编辑界面，在一级工具栏中点击“背景”按钮，如图4-33所示。

STEP 05 在弹出的二级工具栏中点击“画布样式”按钮，如图4-34所示。

STEP 06 弹出“画布样式”面板，❶选择一个背景；❷点击“全局应用”按钮，应用所有的片段；❸点击“导出”按钮，如图4-35所示，导出视频。

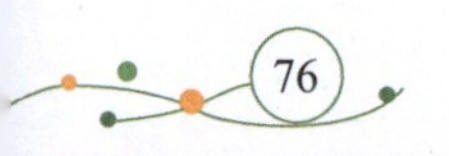

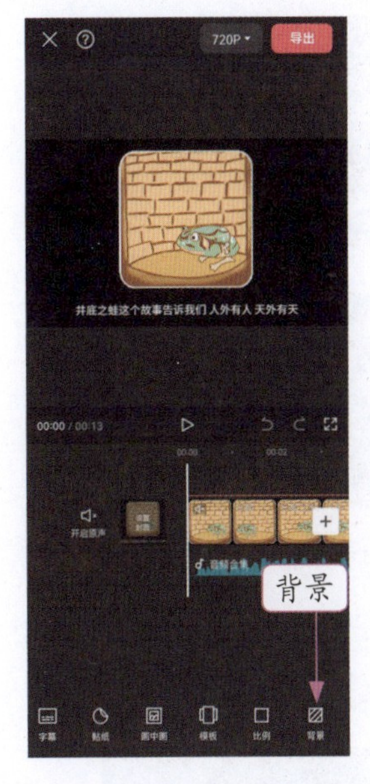

图 4-33 点击“背景”按钮

图 4-34 点击“画布样式”按钮

图 4-35 点击“导出”按钮

❷ 在剪映电脑版中制作

下面介绍在剪映电脑版中使用智能匹配表情包生成视频的操作方法。

扫码看教学

STEP 01 进入剪映电脑版首页，单击“图文成片”按钮，进入“图文成片”界面，单击“自由编辑文案”按钮，❶输入文案；❷单击“生成视频”按钮，如图 4-36 所示。

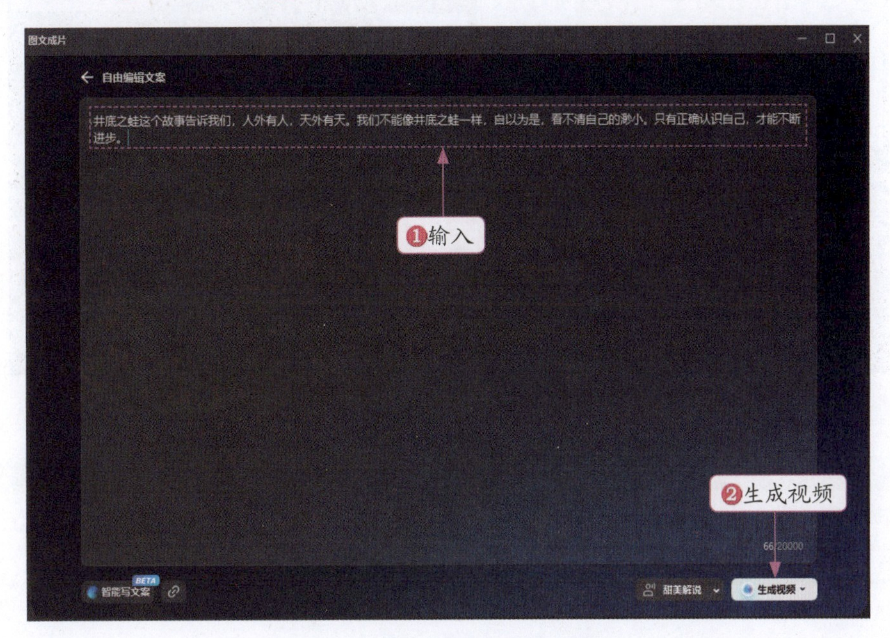

图 4-36 单击“生成视频”按钮

STEP 02 弹出“请选择成片方式”面板，选择“智能匹配表情包”选项，如图 4-37 所示。

STEP 03 稍等片刻，即可生成一段视频。为了改变视频的画面背景，选择第 1 段素材，如图 4-38 所示。

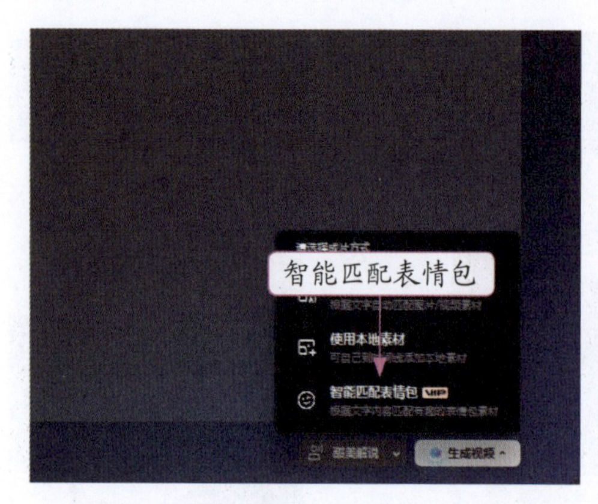

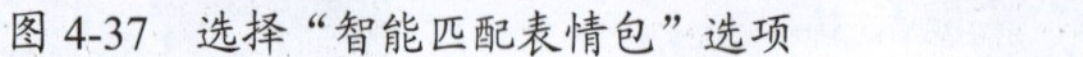
图 4-37　选择“智能匹配表情包”选项

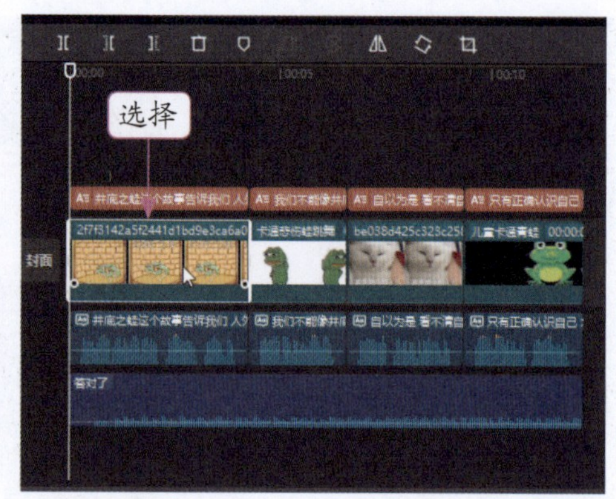

图 4-38　选择第 1 段素材

STEP 04 在右上方的“画面”操作区中，❶设置“背景填充”为“样式”模式；❷选择一个合适的样式；❸单击“全部应用”按钮，把所有的片段都设置相同的背景，如图 4-39 所示，最后导出视频。

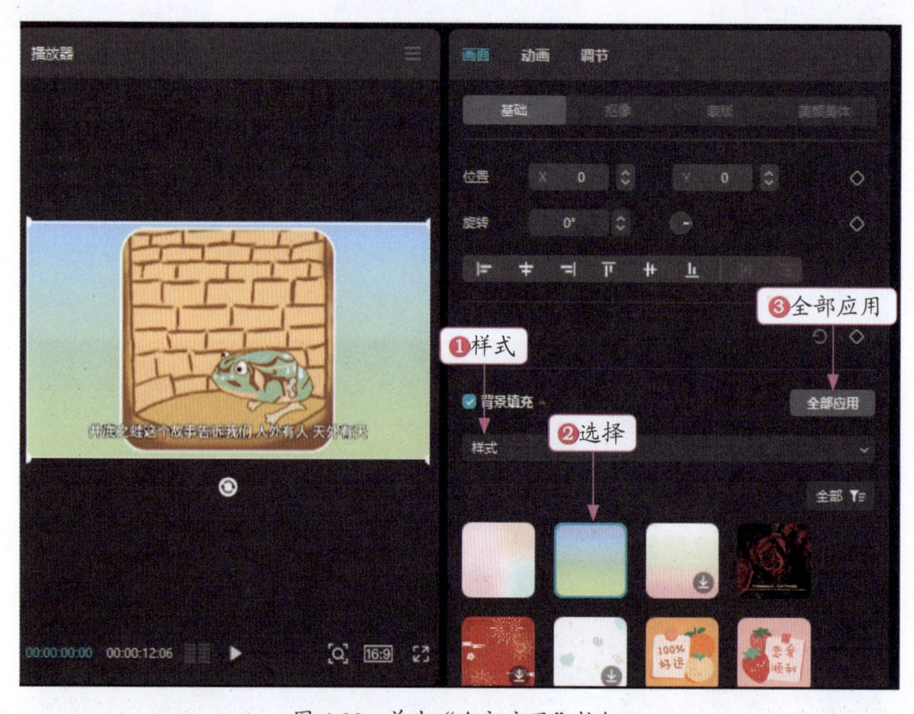

图 4-39　单击“全部应用”按钮

专家指点

用户在使用图文成片功能时，如果需要替换素材，可以使用本地素材进行替换，也可以在剪映的“素材库”中搜索内容关键词来寻找想要的素材。

第5章

AI 一键成片功能，智能创作出精彩视频

章前知识导读

当用户在面对素材，不知道剪辑出什么风格的视频时，那么就可以使用剪映中的“一键成片”功能，快速生成一段视频，其中更有多种风格可选，让视频剪辑变得简单。本章将向读者详细介绍AI一键成片功能及其操作方法。

新手重点索引

- 什么是AI一键成片功能
- 掌握一键成片生成短视频的功能
- 掌握不同类型素材的一键成片方法
- 学会使用即梦制作AI视频

效果图片欣赏

5.1 什么是 AI 一键成片功能

AI 一键成片功能是指利用人工智能技术，通过用户提供的简单信息或输入，自动完成视频内容的创作、剪辑、配音、配乐以及生成字幕等一系列复杂操作的功能。

具体来说，用户只需启动相关应用程序或服务，按照指引上传所需素材或直接输入文本内容，AI 系统便会根据这些信息自动搜索相关视频素材，进行智能剪辑，并同步完成配音和字幕生成。这一功能极大地简化了视频制作的复杂度和时间成本，即使非专业人士也能快速生成质量不错的视频内容。

5.1.1 剪映中的 AI 一键成片功能是什么

剪映中的 AI 一键成片功能是集成先进人工智能技术的视频创作工具，它能够让用户通过非常简便的操作过程，快速地将图片、视频片段、音乐以及各种视觉元素自动整合成一个完整的视频作品，帮助用户快速生成视频内容。

AI 一键成片功能在多个领域得到广泛应用，为用户提供了极大的便利。下面介绍 AI 一键成片功能的主要特点和优势，如图 5-1 所示。

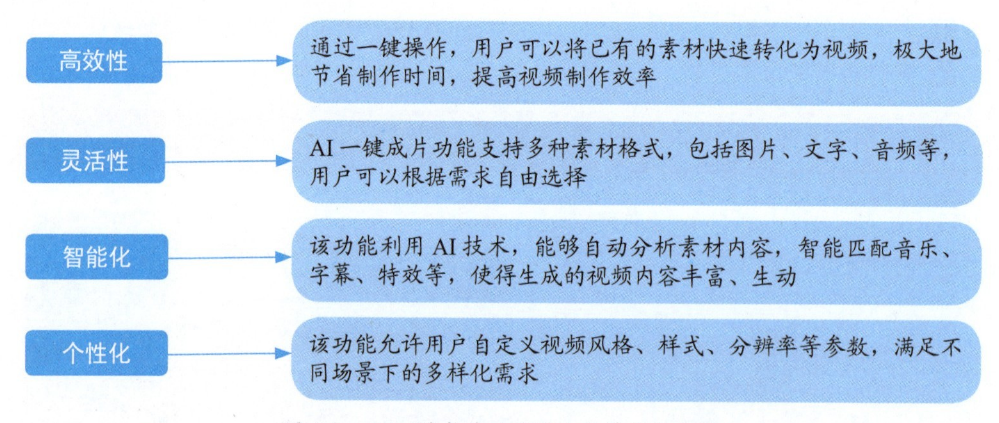

图 5-1　AI 一键成片功能的主要特点和优势

5.1.2 剪映中的 AI 一键成片功能有什么作用

剪映中的 AI 一键成片功能是一项技术创新，该功能旨在通过先进的智能化手段，让视频创作变得更简单，同时保证视频的质量与创意表现力，它能够极大地提高视频制作的效率和便捷性。

具体来说，剪映中的 AI 一键成片功能的作用包括 5 个方面，如图 5-2 所示。

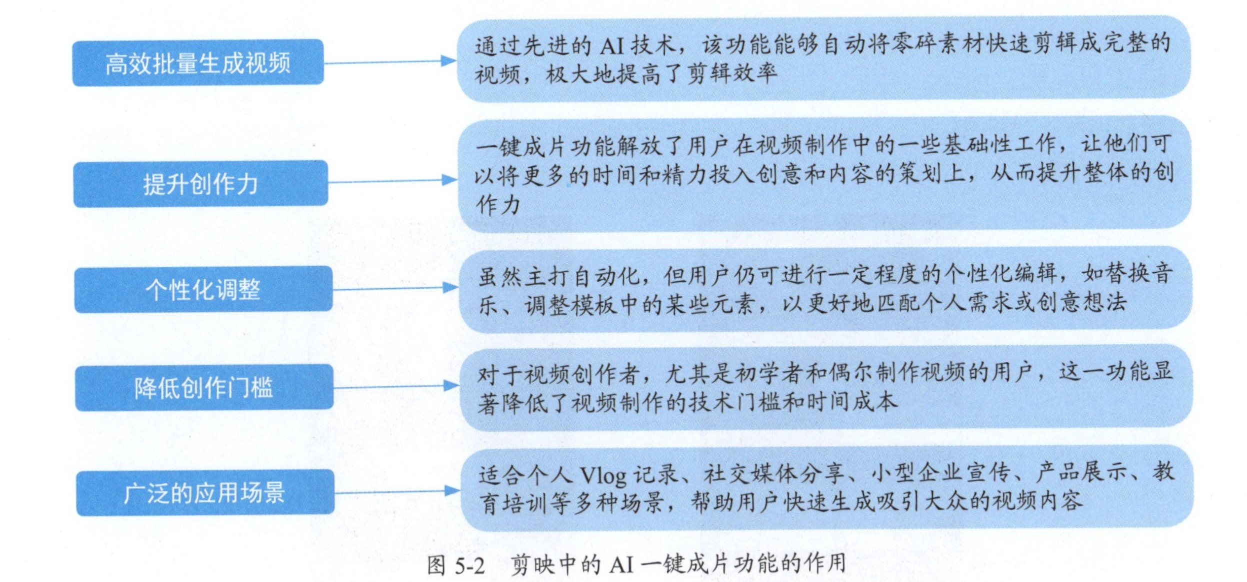

图 5-2 剪映中的 AI 一键成片功能的作用

5.2 掌握一键成片功能生成短视频的技巧

剪映中的 AI 一键成片功能利用人工智能技术，实现了图文和本地素材的自动匹配和编辑，大大简化了视频制作的流程，提高了视频制作的效率。本节主要介绍使用一键成片功能生成短视频的具体操作方法，在操作的时候，用户只需要准备好素材即可。用户可以选择默认的模板，也可以根据自己的喜好更换模板。

5.2.1 学会选择模板生成视频

【效果展示】：在使用一键成片功能时，需要用户提前准备好素材，并按照顺序导入剪映中，之后就能选择模板，生成视频，效果展示如图 5-3 所示。

扫码看教学

图 5-3 效果展示

下面介绍在剪映手机版中选择模板生成视频的操作方法。

STEP 01 打开剪映手机版，进入“剪辑”界面，点击“一键成片”按钮，如图 5-4 所示。

STEP 02 ❶在“照片视频”下面的“照片”选项卡中依次选择 3 张人像照片；❷点击“下一步”按钮，如图 5-5 所示。

图 5-4　点击“一键成片”按钮

图 5-5　点击“下一步”按钮

STEP 03 弹出“选择模板”面板，❶选择喜欢的模板，预览效果；❷点击“导出”按钮，如图 5-6 所示。

STEP 04 弹出“导出设置”面板，点击![]按钮，如图 5-7 所示，把视频导出至本地相册中。

图 5-6　点击“导出”按钮

图 5-7　点击![]按钮

5.2.2 学会输入提示词生成视频

【效果展示】：在使用一键成片功能制作视频时，用户可以输入相应的提示词，让剪映精准提供模板，这样可以缩小选择范围，效果展示如图 5-8 所示。

扫码看教学

图 5-8　效果展示

下面介绍在剪映手机版中输入提示词生成视频的操作方法。

STEP 01 打开剪映手机版，进入“剪辑”界面，点击“一键成片”按钮，弹出相应界面，❶在“照片视频”下面的“视频”选项卡中依次选择 4 段视频；❷点击搜索栏空白处，如图 5-9 所示。

STEP 02 ❶在搜索栏中输入“剪个城市旅行 vlog”；❷点击⊡按钮，如图 5-10 所示。

图 5-9　点击搜索栏空白处

图 5-10　点击⊡按钮

STEP 03 点击“下一步”按钮，如图 5-11 所示。

STEP 04 稍等片刻，即可生成一段视频，❶选择喜欢的模板，预览效果；❷点击“导出”按钮，如图 5-12 所示。

STEP 05 弹出“导出设置”面板，在其中点击▣按钮，如图 5-13 所示，把视频导出至本地相册中。

图 5-11 点击“下一步”按钮

图 5-12 点击“导出”按钮

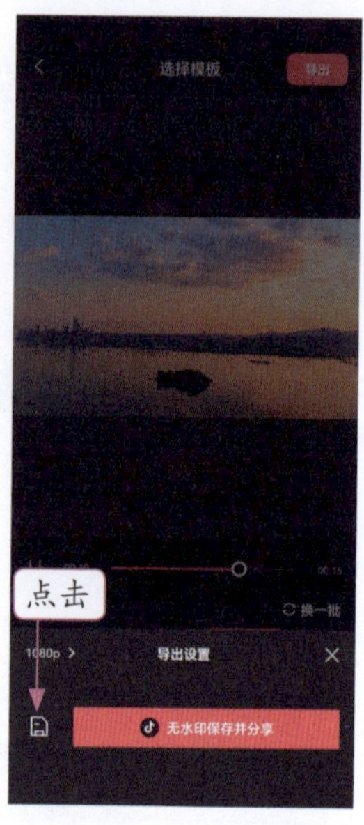

图 5-13 点击▣按钮

5.2.3 学会编辑一键成片的草稿

【效果展示】：在使用一键成片功能制作视频时，还可以把照片和视频素材混合搭配起来。如果对效果不满意，还可以编辑视频草稿，进行个性化设置，比如为素材添加动画，让画面更动感，效果展示如图 5-14 所示。

扫码看教学

图 5-14 效果展示

下面介绍在剪映手机版中编辑一键成片的草稿的操作方法。

STEP 01 打开剪映手机版，进入“剪辑”界面，在其中点击“一键成片”按钮，如图 5-15 所示。

STEP 02 进入“照片视频”界面，在“照片”选项卡中选择一张照片素材，如图 5-16 所示。

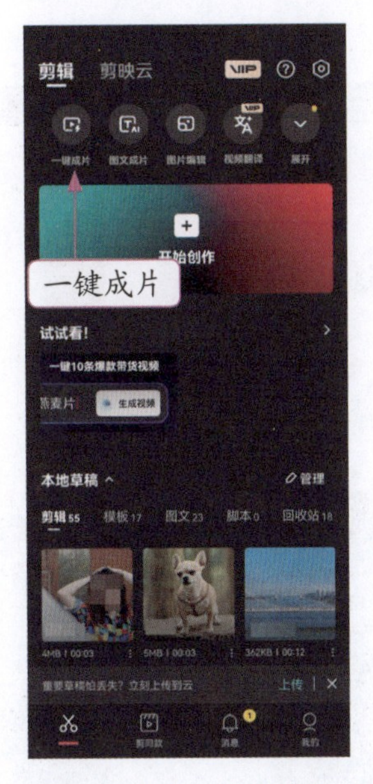

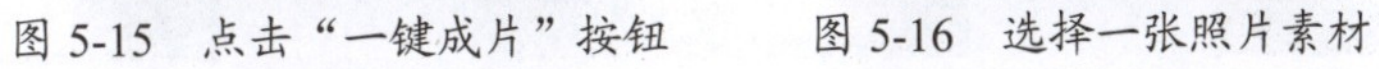

图 5-15　点击“一键成片”按钮　　图 5-16　选择一张照片素材

STEP 03 为了添加视频素材，①切换至“视频”选项卡；②依次选择 3 段视频素材；③点击“下一步”按钮，如图 5-17 所示。

STEP 04 如果对生成的视频效果不满意，①切换至“卡点”选项卡；②选择喜欢的模板，更改视频效果；③点击“点击编辑”按钮，如图 5-18 所示。

图 5-17　点击“下一步”按钮　　图 5-18　点击“点击编辑”按钮

STEP 05 进入相应的界面，继续点击“编辑更多”按钮，如图 5-19 所示。

STEP 06 ❶选择照片素材；❷点击“动画”按钮，如图 5-20 所示。

STEP 07 ❶切换至“组合动画”选项卡；❷选择“分身Ⅱ”动画，让画面变得更加动感；❸点击“导出”按钮，即可导出视频，如图 5-21 所示。

图 5-19 点击“编辑更多”按钮

图 5-20 点击“动画”按钮

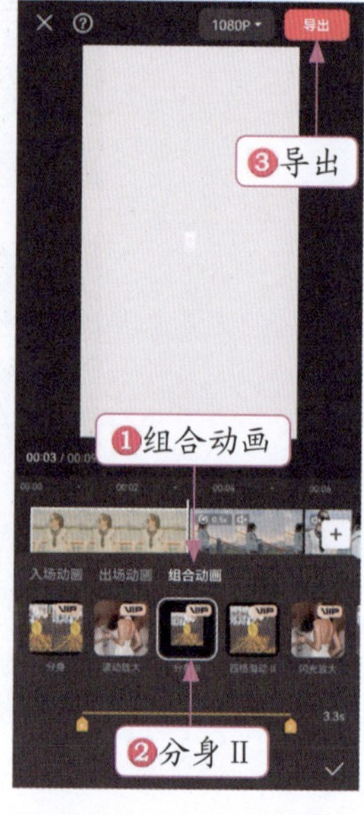

图 5-21 点击“导出”按钮

5.3 掌握不同类型素材的一键成片方法

剪映中的一键成片功能提供了多种类型的视频模板。各种照片素材和视频素材，都可以套用不同类型的模板，以满足不同用户的需求和创作场景。本节主要介绍不同类型素材的一键成片方法。

5.3.1 学会使用一键成片功能制作美食视频

【效果展示】：日常生活中拍下的美食照片素材也可以套用模板，一键生成一段美食视频，让食物变得更加诱人，效果如图 5-22 所示。

扫码看教学

图 5-22 效果展示

下面介绍使用一键成片功能生成美食视频的操作方法。

STEP 01 打开剪映手机版，进入“剪辑”界面，点击“一键成片”按钮，❶在“照片视频”下的“照片”选项卡中依次选择 3 张照片；❷点击搜索栏空白处，如图 5-23 所示。

STEP 02 ❶在搜索栏中输入“美食记录”；❷点击☑按钮，如图 5-24 所示。

图 5-23 点击搜索栏空白处

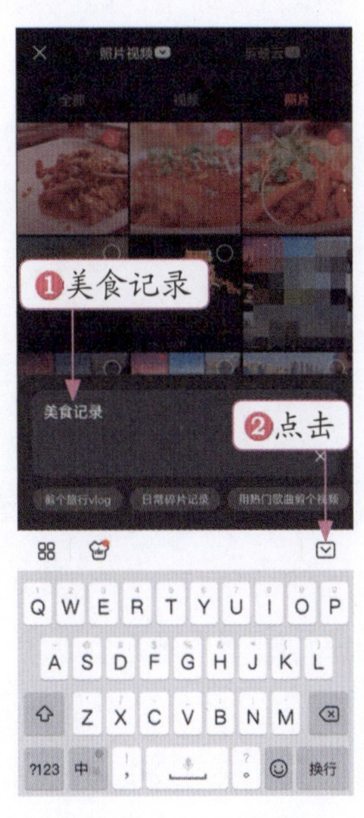

图 5-24 点击☑按钮

STEP 03 点击“下一步”按钮，如图 5-25 所示。

STEP 04 稍等片刻，即可生成一段视频，❶选择喜欢的模板；❷点击“导出”按钮，如图 5-26 所示。

STEP 05 弹出“导出设置”面板，在其中点击▣按钮，如图 5-27 所示，把视频导出至本地相册中。

图 5-25 点击“下一步”按钮

图 5-26 点击“导出”按钮

图 5-27 点击▣按钮

STEP 02 ❶在搜索栏中输入“情绪短片”；❷点击☑按钮，如图 5-36 所示。

STEP 03 点击“下一步”按钮，如图 5-37 所示。

图 5-35　点击搜索栏空白处

图 5-36　点击☑按钮

图 5-37　点击“下一步”按钮

STEP 04 稍等片刻，即可生成一段视频，❶选择喜欢的模板；❷点击“导出”按钮，如图 5-38 所示。

STEP 05 弹出“导出设置”面板，在其中点击🖫按钮，如图 5-39 所示。

STEP 06 稍等片刻，视频导出成功，点击“完成”按钮，如图 5-40 所示。

图 5-38　点击“导出”按钮

图 5-39　点击🖫按钮

图 5-40　点击“完成”按钮

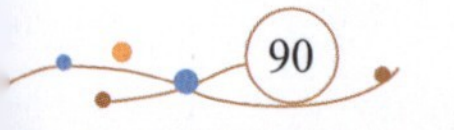

5.4 学会使用即梦 AI 制作视频

即梦作为一个 AI 视频生成平台，能够生成多种类型的视频内容，适应不同的应用场景和用户需求。本节主要介绍使用即梦 AI 生成动物视频和美食视频的操作方法，帮助读者快速获得想要的视频效果

5.4.1 学会制作动物视频

扫码看教学

【效果展示】：即梦 AI 可以生成各种动物类视频，包括小巧可爱的动物或体积庞大的动物，通过展示动物的生活习性和行为特点，可以教育和启发观众，帮助观众更加了解和关注动物世界。图 5-41 所示为使用即梦 AI 生成的一段小狗视频。

图 5-41　效果展示

下面介绍使用即梦 AI 制作动物视频的操作方法。

STEP 01 打开即梦 AI 官方网址，在“AI 视频”选项区中单击“视频生成”按钮，进入“视频生成”页面，单击“文本生视频”标签，切换至“文本生视频”选项卡，❶在文本框中输入相应的视频描述内容；❷在“视频比例”选项区中，选择 16:9 选项；❸单击“生成视频”按钮，如图 5-42 所示。

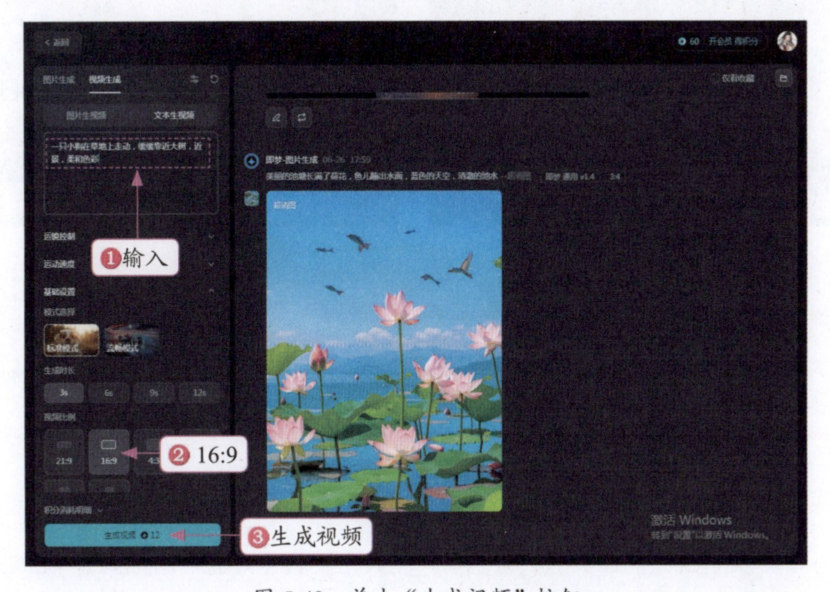

图 5-42　单击“生成视频”按钮

STEP 02 稍等片刻，视频生成完成后，显示出视频的画面效果，将鼠标移至视频画面上，即可自动播放生成的动物视频效果，如图 5-43 所示。

图 5-43　鼠标移至视频画面上（1）

STEP 03 如果用户对生成的动物视频效果不太满意，此时可以单击视频效果下方的“再次生成”按钮，如图 5-44 所示。

STEP 04 执行操作后，即可再次生成相应的动物视频效果，将鼠标移至视频画面上，即可自动播放动物视频效果，如图 5-45 所示。

图 5-44　单击“再次生成”按钮

图 5-45　鼠标移至视频画面上（2）

专家指点

用户在使用即梦 AI 的视频生成功能时，每次生成需要消耗 12 积分，且 AI 生成的动物或人物的部分肢体可能会出现误差，用户可以再次生成，直到满意。

5.4.2　学会制作美食视频

扫码看教学

【效果展示】：美食视频能够吸引大量观众，尤其是美食爱好者，增加观看率和参与度，还可以通过美食视频展示食物的制作过程、细节和最终成品。视频比图片更加生

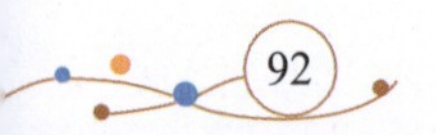

动和直观，与传统的美食视频制作相比，生成 AI 美食视频可以节省人力和时间成本。图 5-46 所示为使用即梦 AI 生成的一段美食视频。

图 5-46　效果展示

下面介绍使用即梦 AI 制作美食视频的操作方法。

STEP 01 打开即梦 AI 官方网址，在“AI 视频”选项区中单击“视频生成”按钮，进入“视频生成”页面，单击“文本生视频”标签，切换至“文本生视频”选项卡，①在文本框中输入相应的视频描述内容；②在“视频比例”选项区中选择 1:1 选项；③单击“生成视频”按钮，如图 5-47 所示。

图 5-47　单击“生成视频”按钮

STEP 02 稍等片刻，即可生成相应的美食视频效果，将鼠标移至视频画面上，即可自动播放生成的美食视频效果，如图 5-48 所示。

图 5-48 鼠标移至视频画面上

STEP 03 单击视频效果右上角的“下载”按钮，如图 5-49 所示，即可下载视频。

图 5-49 单击“下载”按钮

专家指点

用户使用即梦 AI 生成视频后，后期的视频延长、补帧、提升分辨率和下载无水印等功能需要开通会员才能使用。

第6章

AI模板与剪同款功能，套模板快速出片

章前知识导读

在剪映手机版中，用户不仅可以剪辑视频，还可以使用“AI模板”和“剪同款”功能一键生成爆款视频，在生成视频之后还能编辑草稿，进行再加工，以达到用户想要的效果，而且操作非常简单。本章将向读者详细介绍“AI模板”与“剪同款”功能的使用方法。

新手重点索引

- 什么是AI模板与剪同款功能
- 掌握AI模板功能的视频生成技巧
- 掌握剪同款功能的视频生成技巧

效果图片欣赏

6.1 什么是AI模板与剪同款功能

“AI模板”与“剪同款”功能是指通过人工智能技术生成的模板和样式，用于快速生成视频效果，提升视频制作的效率。

AI模板通常指的是预先设计好的、基于人工智能技术的模板文件，这些模板可以应用于不同的创意工作，如图形设计、视频编辑以及绘画创作等。用户可以在模板的基础上快速创建内容，通过修改文字、替换图片等操作来适应自己的需求，而无须从头开始设计。

“剪同款”功能则是一种常见的视频编辑或图像处理软件中的特性，它允许用户使用已经存在的视频或设计作为模板，快速创建类似风格的作品。用户可以保留原模板的基本框架和风格，同时根据需要调整文字内容、替换图片或视频片段，实现快速个性化定制。

6.1.1 剪映中的AI模板与剪同款功能是什么

在剪映这款短视频编辑的应用中，提到的“AI模板”与“剪同款”功能都是为了帮助用户更便捷地创作具有专业外观的视频内容，尽管这两个概念在表述上有所不同，但它们的核心目的相似，即通过智能化手段简化视频编辑过程。

“AI模板”功能允许用户通过输入关键词或描述，利用剪映的AI技术自动生成与用户需求匹配的模板，包括视频布局、动画效果、滤镜、文字样式等。

“剪同款”功能允许用户在剪映中浏览和选择其他用户分享的热门视频模板，然后一键导入自己的素材，自动套用模板的剪辑效果、配乐、文字样式等，生成自己的视频作品。

剪映中的“AI模板”与“剪同款”功能具有4个共同特点，如图6-1所示。

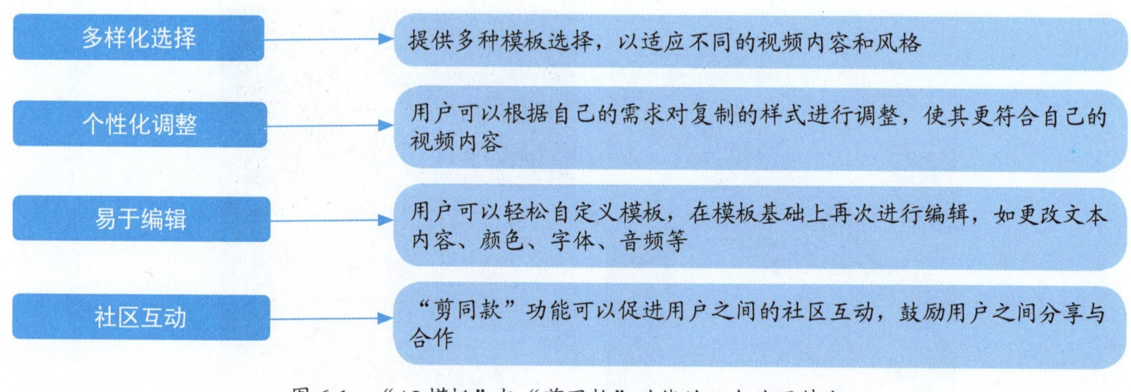

图6-1 “AI模板”与“剪同款”功能的4个共同特点

6.1.2 剪映中的AI模板与剪同款功能有什么作用

剪映中的“AI模板”和“剪同款”功能的作用侧重点有所不同，前者偏重于自动化和智能化的编辑优化，后者则侧重于快速复制已有的成功视频风格。

图6-2所示为“AI模板”功能的4个作用。

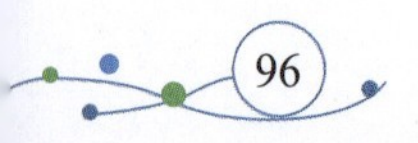

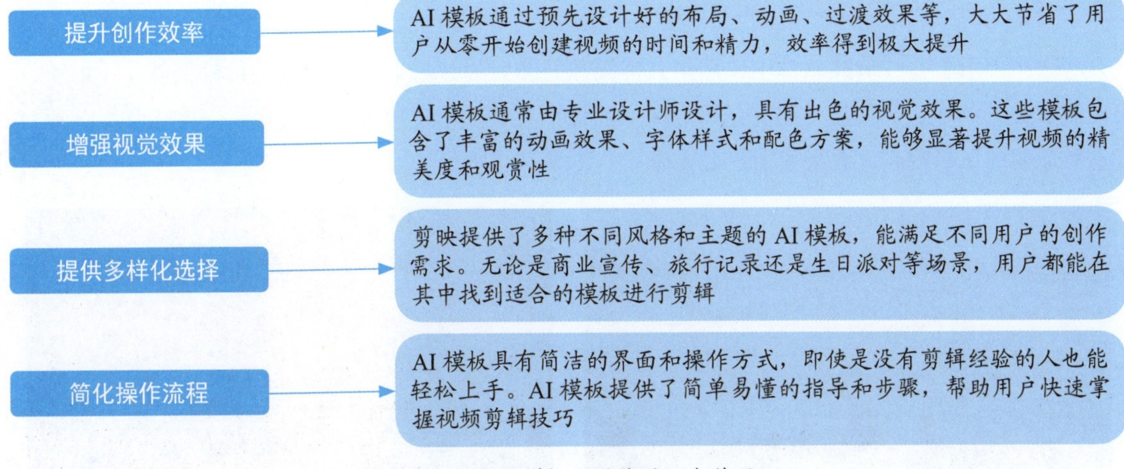

图 6-2 “AI 模板”功能的 4 个作用

图 6-3 所示为“剪同款”功能的 4 个作用。

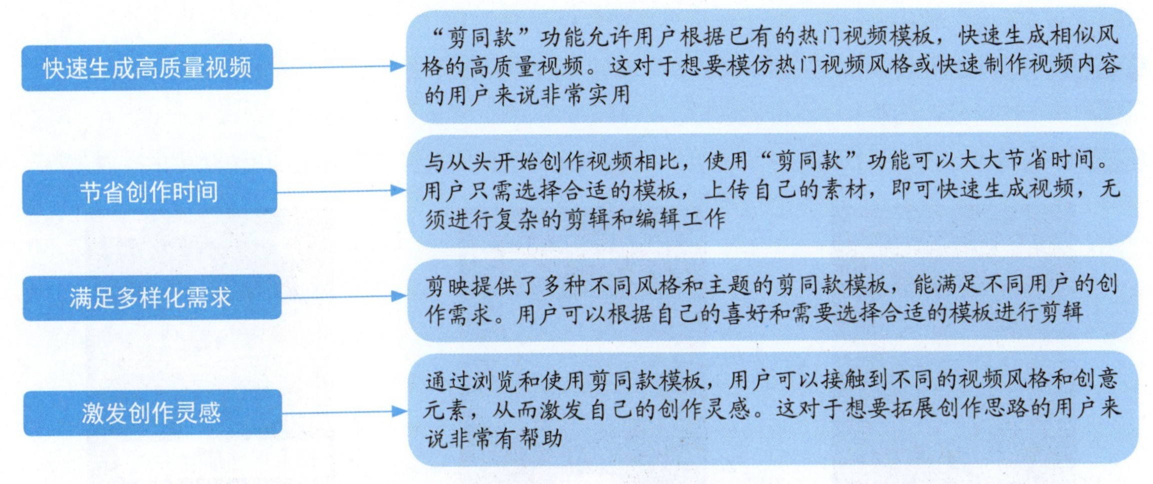

图 6-3 “剪同款”功能的 4 个作用

总之，AI 模板通过智能化分析与设计，为用户提供了风格多样的视频框架，而剪同款功能则让用户能迅速借鉴热门视频的编辑思路与特效应用。

AI 模板与剪同款功能极大地拓宽了视频创作的边界，让创意表达更加自由流畅，既降低了技术门槛，又显著增强了作品的专业视觉冲击力与情感共鸣力，为视频创作者带来了前所未有的创作体验与成就感。

6.2 掌握 AI 模板功能的视频生成技巧

在使用 AI 模板功能一键生成视频时，需要注意素材的类型，是动态视频还是静态图片。同时，应精确控制素材的数量与模板设定相吻合，确保视频的流畅度与和谐性达到最佳效果。

本节将为大家介绍使用 AI 模板功能一键生成视频的操作方法，不过需要注意的是，“模板”选项卡中的视频模板会经常变动，大家选择心仪的模板即可。

6.2.1 学会一键生成风景视频

【效果展示】：在剪映软件中，用户只需简单几步，通过选取多样化的预设模板就可以制成完整的视频。即使是随手记录的风景片段，在剪映中也可以套用模板，一键生成富有质感的风景视频，效果如图 6-4 所示。

扫码看教学

图 6-4 效果展示

下面介绍在剪映手机版中一键生成风景视频的操作方法。

STEP 01 在剪映手机版中导入视频素材，在一级工具栏中点击“模板”按钮，如图 6-5 所示。

STEP 02 在“模板”选项卡中点击搜索栏，如图 6-6 所示。

STEP 03 ❶输入并搜索“氛围感落日卡点”；❷在搜索结果中选择一个合适的模板，如图 6-7 所示。

图 6-5 点击“模板”按钮

图 6-6 点击搜索栏

图 6-7 选择合适的模板

STEP 04 ❶点击“收藏”按钮收藏模板；❷点击“去使用”按钮，如图 6-8 所示。

STEP 05 进入“照片视频”界面，❶在“视频”选项卡中选择视频素材；❷点击“下一步”按钮，如图 6-9 所示。

STEP 06 弹出相应的合成效果进度提示，如图 6-10 所示。

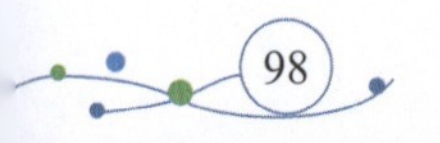

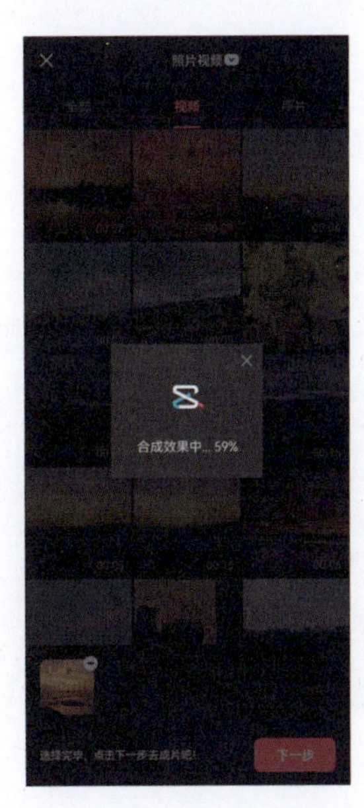

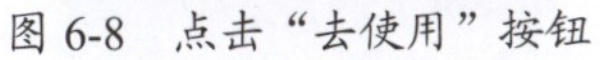

图 6-8　点击“去使用”按钮　　图 6-9　点击“下一步”按钮　　图 6-10　弹出合成效果进度提示

STEP 07 合成成功后，点击“完成”按钮，如图 6-11 所示。

STEP 08 进入视频编辑界面，❶选择原始素材；❷点击“删除”按钮，删除多余的素材；❸点击“导出”按钮，如图 6-12 所示。

STEP 09 成功导出视频后，点击“完成”按钮，如图 6-13 所示。

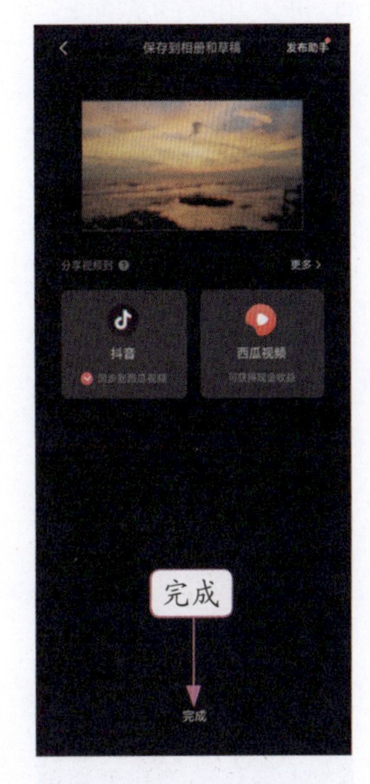

图 6-11　点击“完成”按钮（1）　　图 6-12　点击“删除”按钮　　图 6-13　点击“完成”按钮（2）

专家指点

因为剪映中的模板时常在变动，为了防止原来心仪的模板在使用时找不到，用户在生成视频时，可以点击收藏按钮，及时收藏模板。

6.2.2 学会一键生成风格大片

扫码看教学

【效果展示】：对于一些抖音平台上火热的视频模板，剪映中同样收录了海量同款，用户仅需简单的操作步骤，导入自己精心挑选的视频片段或图片素材，就能一键生成风格大片，效果如图 6-14 所示。

图 6-14 效果展示

下面介绍在剪映手机版中一键生成风格大片的操作方法。

STEP 01 在剪映手机版中导入一段视频素材，在下方的一级工具栏中点击“模板”按钮，如图 6-15 所示。

STEP 02 在“模板”选项卡中点击搜索栏，❶输入并搜索“若月亮没来”；❷在搜索结果中选择一个合适的模板，如图 6-16 所示。

STEP 03 进入相应的界面，点击“去使用”按钮，如图 6-17 所示。

图 6-15 点击“模板”按钮

图 6-16 选择合适的模板

图 6-17 点击“去使用”按钮

STEP 04 进入“照片视频”界面，❶在“视频”选项卡中选择视频素材；❷点击“下一步”按钮，如图 6-18 所示。

STEP 05 视频合成成功后，点击“完成”按钮，如图 6-19 所示。

STEP 06 进入视频编辑界面，①选择原始素材；②点击“删除”按钮，如图 6-20 所示，删除多余的素材，再点击“导出”按钮，导出视频。

图 6-18 点击“下一步”按钮

图 6-19 点击“完成”按钮

图 6-20 点击“删除”按钮

6.2.3 学会一键生成 Vlog

扫码看教学

【效果展示】：在生成 Vlog 的过程中，如果有一些素材不贴合，可以替换素材，制作出满意的视频，效果如图 6-21 所示。

图 6-21 效果展示

下面介绍在剪映手机版中一键生成 Vlog 的操作方法。

STEP 01 在剪映手机版中导入两段视频素材，在一级工具栏中点击“模板”按钮，如图 6-22 所示。

STEP 02 在“模板”选项卡中点击搜索栏，①输入并搜索“旅拍视频高级感开场”；②在搜索结果中选择一个合适的模板，如图 6-23 所示。

STEP 03 进入相应的界面，点击“去使用”按钮，如图 6-24 所示。

图 6-22　点击“模板”按钮

图 6-23　选择合适的模板

图 6-24　点击“去使用”按钮

STEP 04 进入“照片视频”界面，❶在“视频”选项卡中选择两段视频素材；❷点击“下一步”按钮，如图 6-25 所示。

STEP 05 视频合成成功后，❶选择第 1 段素材；❷点击“替换”按钮，如图 6-26 所示。

STEP 06 在“照片视频”界面中选择替换的视频素材，如图 6-27 所示。

图 6-25　点击“下一步”按钮

图 6-26　点击“替换”按钮

图 6-27　选择替换的视频素材

STEP 07 替换素材之后，点击“完成”按钮，如图 6-28 所示。

STEP 08 进入视频编辑界面，❶选择第 1 段原始素材；❷点击“删除”按钮，如图 6-29 所示，并删除第 2 段素材，再点击“导出”按钮，导出视频。

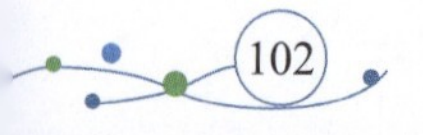

图 6-28　点击“完成”按钮

图 6-29　点击“删除”按钮

6.3　掌握剪同款功能的视频生成技巧

本节主要介绍使用剪同款功能，帮助用户一键制作同款美食视频效果、萌娃相册效果和卡点视频效果，快速掌握抖音爆款短视频的同款制作方法。

6.3.1　学会一键制作同款美食视频效果

【效果展示】：对于多张美食照片，如何把它们快速生成美食视频呢？在剪映中使用剪同款功能，选择模板，就能快速生成美食视频，效果如图 6-30 所示。

扫码看教学

图 6-30　效果展示

下面介绍在剪映手机版中一键制作同款美食视频效果的操作方法。

STEP 01 打开剪映手机版，❶点击“剪同款”按钮；❷点击界面上方的搜索栏，如图 6-31 所示。

STEP 02 ❶输入并搜索“日常美食记录”；❷在搜索结果中选择一个合适的模板，如图 6-32 所示。

图 6-31　点击界面上方的搜索栏

图 6-32　选择合适的模板

STEP 03 进入相应的界面，点击右下角的“剪同款”按钮，如图 6-33 所示。

STEP 04 ❶在“照片”选项卡中依次选择 5 张美食照片；❷点击“下一步”按钮，如图 6-34 所示。

图 6-33　点击“剪同款”按钮

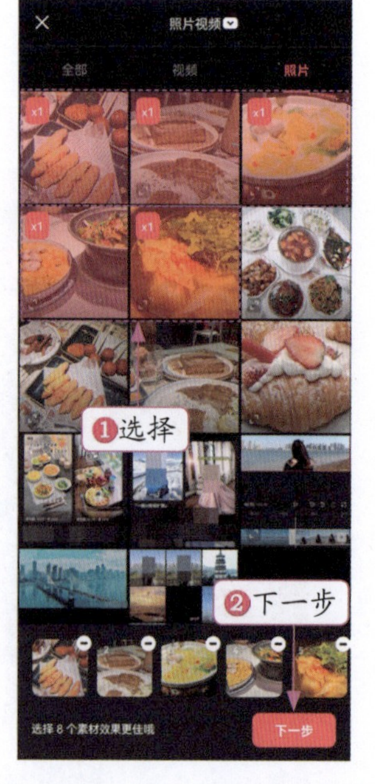

图 6-34　点击“下一步”按钮

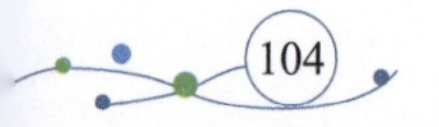

STEP 05 预览效果，如果对效果满意，点击“导出”按钮，如图 6-35 所示。

STEP 06 弹出“导出设置”面板，在其中点击按钮，如图 6-36 所示，把视频导出至本地相册中。

图 6-35 点击“导出”按钮

图 6-36 点击按钮

6.3.2 学会一键制作同款萌娃相册效果

【效果展示】：在剪映中可以使用剪同款动感视频，将可爱的萌娃写真照片变成一段动态的电子相册视频效果，让照片变得生动起来，效果如图 6-37 所示。

扫码看教学

图 6-37 效果展示

下面介绍在剪映手机版中一键制作同款萌娃相册效果的操作方法。

STEP 01 打开剪映手机版，❶点击“剪同款”按钮；❷点击界面上方的搜索栏，如图6-38所示。

STEP 02 ❶输入并搜索“萌娃卡点照片”；❷在搜索结果中选择合适的模板，如图6-39所示。

STEP 03 进入相应的界面，点击右下角的“剪同款”按钮，如图6-40所示。

图6-38 点击界面上方的搜索栏

图6-39 选择合适的模板

图6-40 点击“剪同款”按钮

STEP 04 ❶在“照片”选项卡中依次选择9张萌娃照片；❷点击“下一步”按钮，如图6-41所示。

STEP 05 点击“导出”按钮，如图6-42所示。

STEP 06 弹出“导出设置”面板，在其中点击🖫按钮，如图6-43所示，把视频导出至本地相册中。

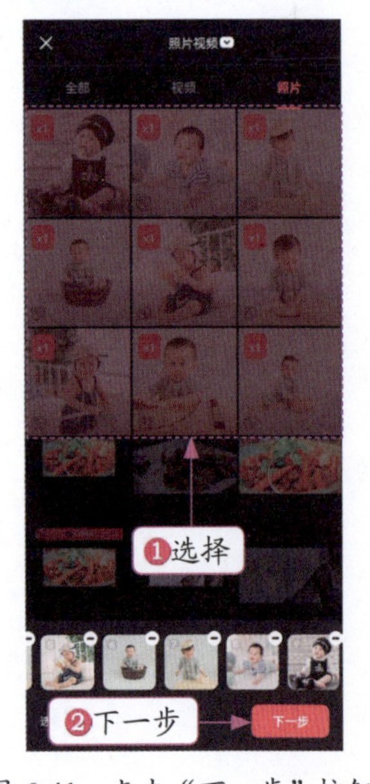

图6-41 点击“下一步”按钮

图6-42 点击“导出”按钮

图6-43 点击🖫按钮

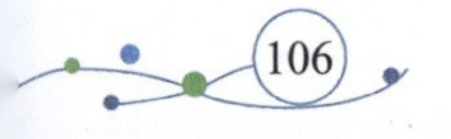

6.3.3 学会一键制作同款卡点视频效果

【效果展示】对于多段素材，在制作卡点视频的时候，步骤是比较烦琐的，而使用“剪同款”功能，几秒钟就能制作成视频，大大提升了剪辑效率，效果如图 6-44 所示。

扫码看教学

图 6-44 效果展示

下面介绍在剪映手机版中一键制作同款卡点视频效果的操作方法。

STEP 01 打开剪映手机版，❶点击“剪同款”按钮；❷点击界面上方的搜索栏，如图 6-45 所示。

STEP 02 ❶输入并搜索“动感卡点”；❷在搜索结果中选择合适的模板，如图 6-46 所示。

图 6-45 点击界面上方的搜索栏

图 6-46 选择合适的模板

STEP 03 进入相应的界面，点击右下角的“剪同款”按钮，如图6-47所示。

STEP 04 ❶在“照片”选项卡中依次选择5张花朵照片；❷点击“下一步”按钮，如图6-48所示。

图6-47　点击“剪同款”按钮

图6-48　点击“下一步”按钮

STEP 05 点击“导出”按钮，如图6-49所示。

STEP 06 弹出“导出设置”面板，点击按钮，如图6-50所示，把视频导出至本地相册中。

图6-49　点击“导出”按钮

图6-50　点击按钮

第7章

AI生成数字人功能，智能制作视频主播

章前知识导读

近年来，短视频行业呈现出爆发式增长，成为人们获取信息的主要途径。如何不用真人出镜就能制作人像短视频呢？剪映的数字人智能技术就可以满足这一需求，数字人可以变身为视频博主，轻松打造不同风格的虚拟网红形象。本章将介绍使用剪映手机版和电脑版制作数字人视频的技巧。

新手重点索引

- 什么是AI生成数字人功能
- 掌握剪映手机版制作数字人视频的技巧
- 掌握剪映电脑版制作数字人视频的技巧

效果图片欣赏

7.1 什么是 AI 生成数字人功能

“AI 生成数字人”功能是指通过人工智能技术生成具有高度逼真外貌、语音和行为表现的虚拟人物。这一功能融合了计算机图形学、深度学习、语音合成和动作捕捉等多种技术，使得数字人能够在多个领域和场景中发挥重要作用。

本节主要介绍剪映中的 AI 生成数字人功能及其作用。

7.1.1 剪映中的 AI 生成数字人功能是什么

剪映中的“AI 生成数字人”功能是一项强大的视频编辑工具，它利用人工智能技术帮助用户创建和定制虚拟人物形象，用于视频制作中。这些数字人不仅外貌逼真，还能根据用户提供的文案或语音生成相应的对话和动作，为视频内容增添丰富的视觉效果和交互体验。

这项功能特别适用于那些希望在视频中使用虚拟形象而非真人出镜的创作者，比如在制作教育课程、产品演示、社交媒体内容或是直播场景中。

下面介绍“AI 生成数字人”功能的 6 个特点，如图 7-1 所示。

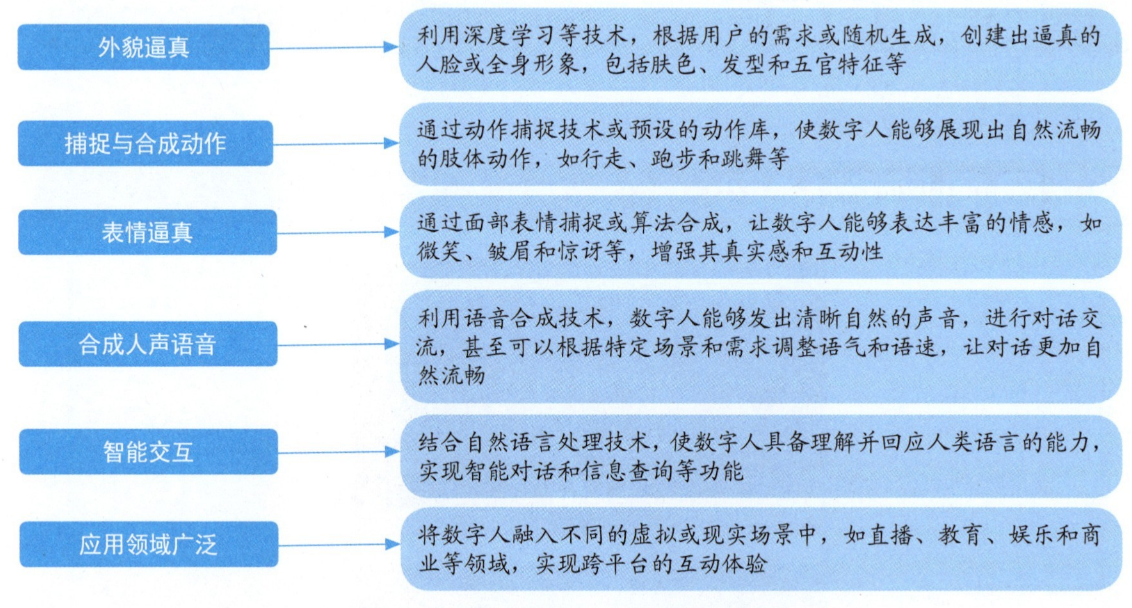

图 7-1 “AI 生成数字人”功能的 6 个特点

7.1.2 剪映中的 AI 生成数字人功能有什么作用

剪映 AI 生成数字人功能的出现，是人工智能技术进步的体现，它不仅为用户提供了新的视频创作工具，也为整个视频产业的发展带来了新的机遇。随着技术的不断成熟，数字人在视频制作和娱乐领域的应用将更加广泛和深入。

剪映 AI 生成数字人功能在多个领域都发挥着重要作用。下面介绍“AI 生成数字人”功能的 6 个作用，如图 7-2 所示。

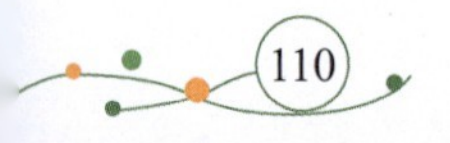

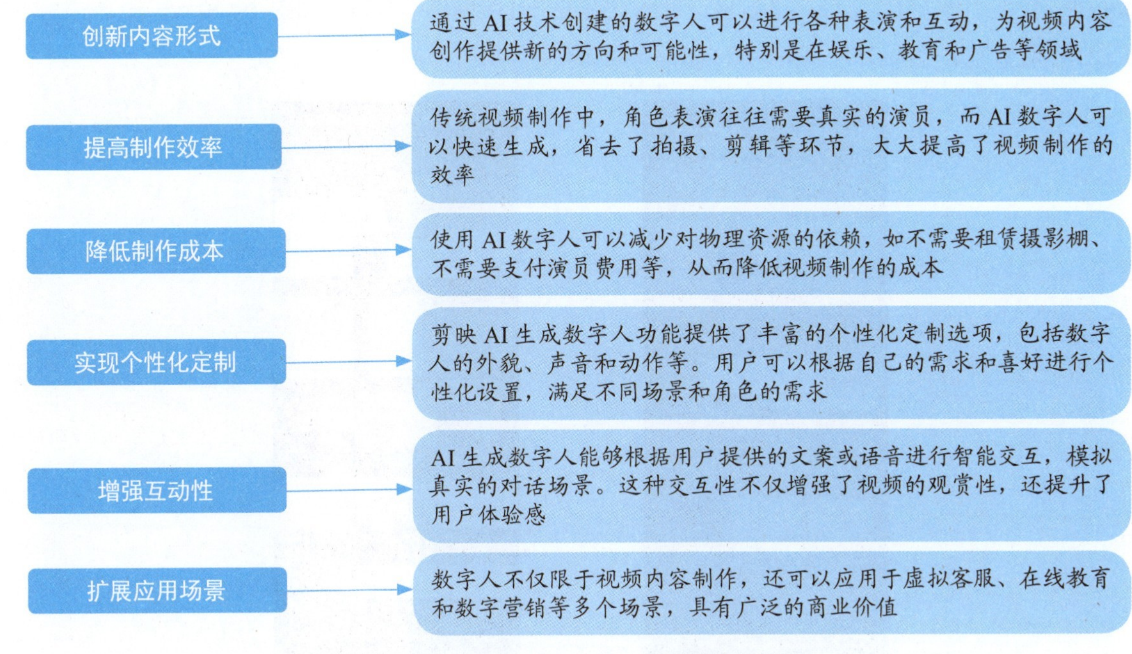

图 7-2 “AI 生成数字人”功能的 6 个作用

7.2 掌握剪映手机版制作数字人视频的技巧

数字人也叫虚拟主播，数字人的优势在于能够取代真人出镜，克服了拍摄过程中可能遇的各种难题和限制，使视频内容更富有亲和力和个性化。可以说 AI 数字人技术改变了视频制作，打造了一个全新的视频运营模式。

本节将为读者介绍使用剪映手机版制作数字人视频的技巧，效果展示如图 7-3 所示。

图 7-3 效果展示

7.2.1 学会在剪映手机版中生成新闻文案

扫码看教学

在制作数字人之前，需要设置视频背景和生成文案。在生成文案之前，用户还需要确定视频主题，再根据主题输入提示词生成文案。

下面介绍在剪映手机版中生成新闻文案的操作方法。

STEP 01 打开剪映手机版，进入“剪辑”界面，点击“开始创作”按钮，如图 7-4 所示。

STEP 02 ❶切换至“素材库”选项卡；❷点击搜索栏，如图 7-5 所示。

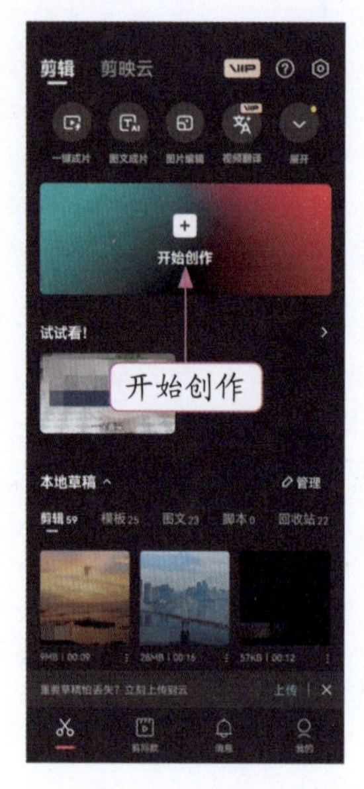

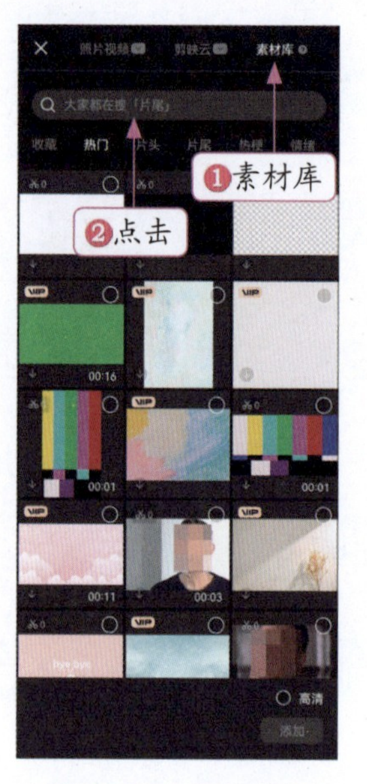

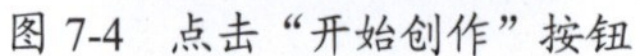

图 7-4 点击“开始创作”按钮　　图 7-5 点击搜索栏

STEP 03 ❶输入并搜索“新闻背景图”；❷在搜索结果中选择素材；❸选中“高清”复选框；❹点击“添加”按钮，如图 7-6 所示，即可添加背景素材。

STEP 04 为了生成新闻文案，点击“文字”按钮，如图 7-7 所示。

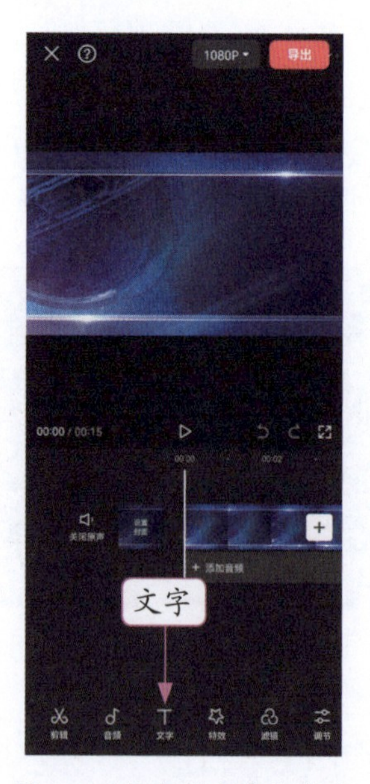

图 7-6 点击“添加”按钮　　图 7-7 点击“文字”按钮

STEP 05 在弹出的二级工具栏中，点击“智能文案”按钮，如图 7-8 所示。

STEP 06 弹出“智能文案”面板，❶输入“新闻播报，公布五一放假时间”；❷点击按钮，如图 7-9 所示。

STEP 07 弹出进度提示并稍等片刻，生成文案内容后，点击“确认”按钮，如图 7-10 所示。

图 7-8　点击“智能文案”按钮

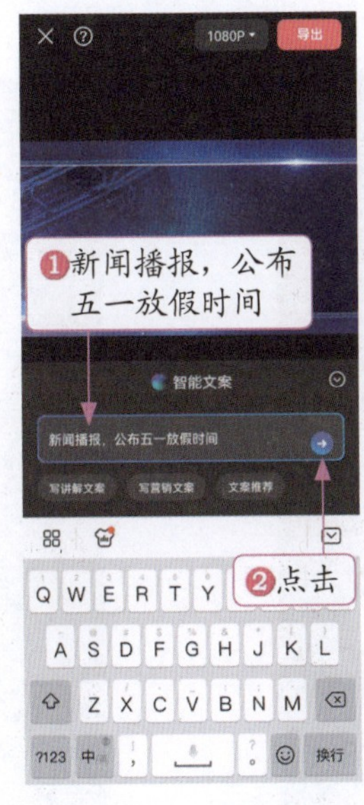

图 7-9　点击按钮

图 7-10　点击“确认”按钮

7.2.2　学会在剪映手机版中生成数字人视频

扫码看教学

在剪映手机版中制作数字人的方法非常简单，用户只需要选择合适的数字人形象，就可以生成一段数字人视频。

下面介绍在剪映手机版中生成数字人视频的操作方法。

STEP 01 在相应的面板中，❶选择“添加数字人”选项；❷点击“添加至轨道”按钮，如图 7-11 所示。

STEP 02 弹出“添加数字人”面板，❶数字人选择“奶盖”选项；❷音色选择“新闻女声”选项；❸点击按钮，如图 7-12 所示。

图 7-11　点击“添加至轨道”按钮

图 7-12　点击按钮

STEP 03 界面中弹出自动拆句提示，如图 7-13 所示。

STEP 04 稍等片刻，即可成功渲染数字人，如图 7-14 所示。

图 7-13　界面中弹出自动拆句提示　　图 7-14　成功渲染数字人

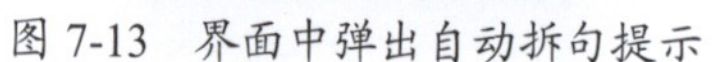

7.2.3　学会在剪映手机版中编辑数字人视频

在生成数字人视频之后，还需要编辑字幕，设置相应的文字样式和调整视频的背景，让视频更完整。

扫码看教学

下面介绍在剪映手机版中编辑数字人视频的操作方法。

STEP 01 点击“编辑字幕”按钮，如图 7-15 所示。

STEP 02 ❶选择第 1 段文字；❷点击 Aa 按钮，如图 7-16 所示。

图 7-15　点击“编辑字幕”按钮　　图 7-16　点击 Aa 按钮

STEP 03 ❶切换至“字体”，再切换到其中的“热门”选项卡；❷选择合适的字体，更换字体，如图 7-17 所示。

STEP 04 为了调整文字，❶切换至“样式”选项卡；❷选择合适的样式；❸设置“字号”参数为 6，稍微放大文字；❹点击☑按钮，如图 7-18 所示。

图 7-17　选择合适的字体

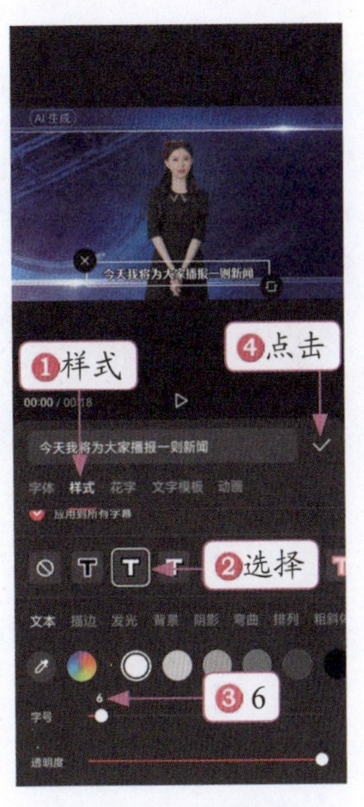

图 7-18　点击☑按钮

STEP 05 为了给剩下的数字人素材画面添加背景素材，❶选择背景素材；❷点击“复制”按钮，如图 7-19 所示，复制素材。

STEP 06 复制完成后，调整最后一段背景素材的时长，使其末尾位置对齐数字人素材的末尾位置，如图 7-20 所示，最后点击“导出”按钮，导出视频。

图 7-19　点击“复制”按钮

图 7-20　调整最后一段背景素材的时长

7.3 掌握剪映电脑版制作数字人视频的技巧

【效果展示】：在剪映电脑版中生成数字人形象后，还可以为其添加字幕文案和设置背景样式，来制作出符合需求的数字人，效果展示如图 7-21 所示。

图 7-21 效果展示

7.3.1 学会在剪映电脑版中添加新闻背景素材

在剪映电脑版中，用户可以在素材库中通过输入关键词搜索想要的视频背景，如果视频中含有音乐，还需要设置其为静音。

扫码看教学

下面介绍在剪映电脑版中添加新闻背景素材的操作方法。

STEP 01 进入剪映电脑版的“媒体”功能区，为了添加背景素材，❶切换至“素材库”选项卡；❷在搜索栏中输入并搜索“新闻背景”；❸在搜索结果中单击所选素材右下角的“添加到轨道”按钮，如图 7-22 所示，添加新闻背景素材。

STEP 02 单击“关闭原声”按钮，设置背景视频为静音，如图 7-23 所示。

图 7-22 单击“添加到轨道”按钮

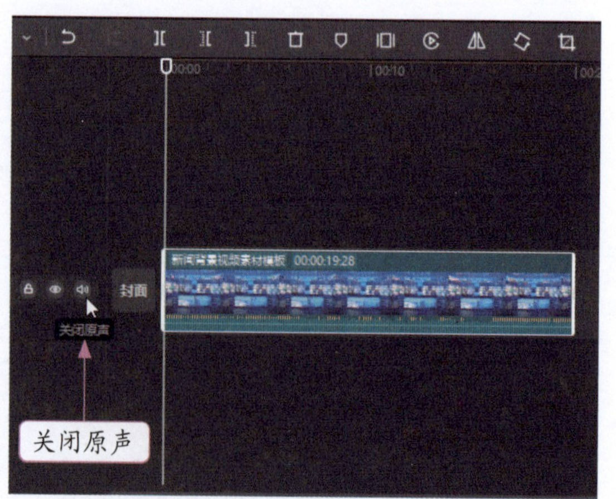

图 7-23 单击“关闭原声”按钮

7.3.2 学会在剪映电脑版中生成数字人视频

扫码看教学

在剪映电脑版中，用户可以通过更改文案内容的方式，来生成与文案相适配的数字人视频，也可以手动添加合适的数字人形象。

下面介绍在剪映电脑版中生成数字人视频的操作方法。

STEP 01 为了添加数字人，❶单击“文本”按钮，进入“文本”功能区；❷单击“默认文本”右下角的“添加到轨道”按钮，如图 7-24 所示。

STEP 02 ❶单击“数字人”按钮，进入“数字人”操作区；❷选择“小铭 - 沉稳”选项；❸单击“添加数字人”按钮，如图 7-25 所示，生成数字人视频素材。

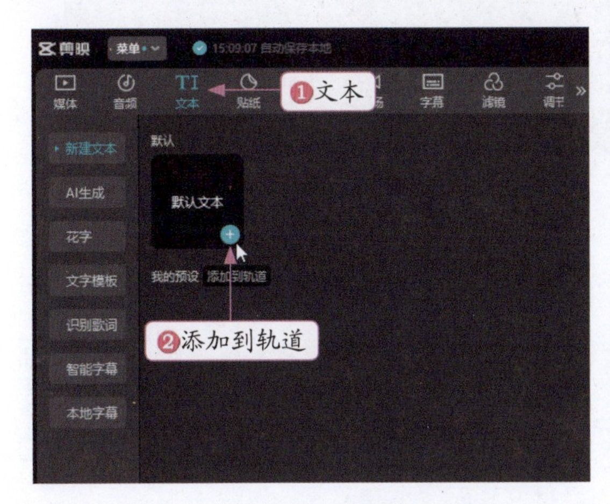

图 7-24 单击“添加到轨道”按钮

图 7-25 单击“添加数字人”按钮

STEP 03 执行上述操作后，需要将不需要的文本删除，❶选择“默认文本”；❷单击“删除”按钮，如图 7-26 所示，删除文本。

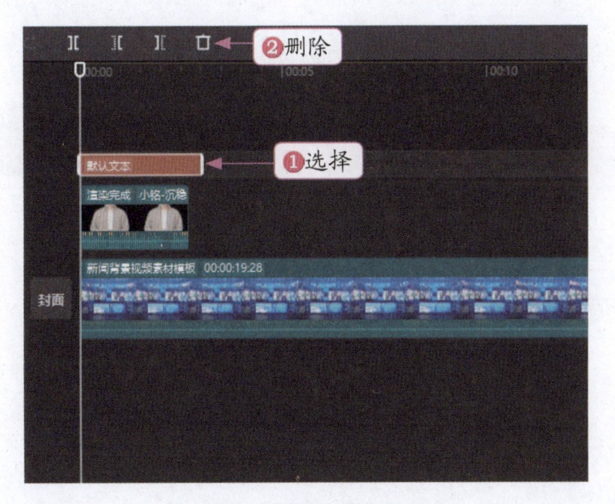

图 7-26 单击“删除”按钮

STEP 04 选择数字人视频素材，❶单击“文案”按钮，进入“文案”操作区；❷输入新闻文案；❸单击“确认”按钮，如图 7-27 所示。

STEP 05 稍等片刻，即可渲染出一段新的数字人视频素材，其中含有动态的数字人形象和文案解说音频，如图 7-28 所示。

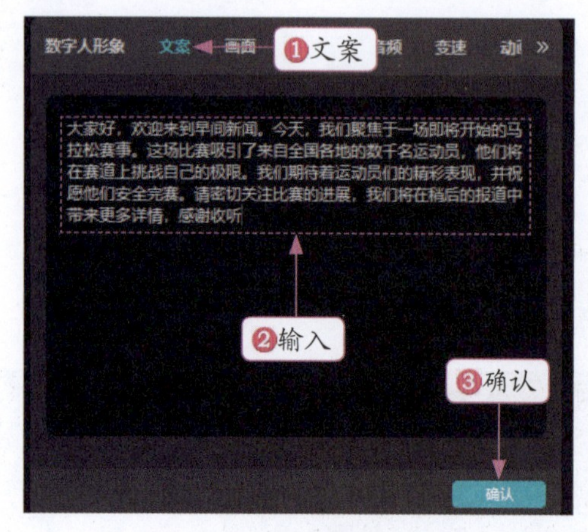

图 7-27 单击“确认”按钮

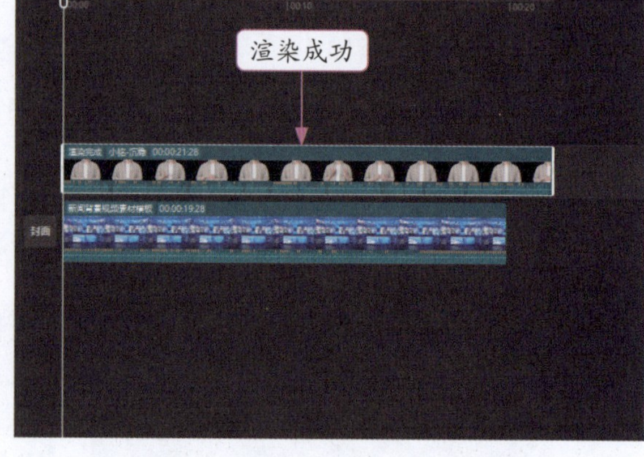

图 7-28 渲染一段新的数字人视频素材

7.3.3 学会在剪映电脑版中编辑数字人视频

为了让数字人形象与背景样式相匹配，可以调整数字人的画面大小和位置，以及添加蒙版，让画面更加和谐，再为字幕设置样式。

扫码看教学

下面介绍在剪映电脑版中编辑数字人视频的操作方法。

STEP 01 为了让数字人更适配背景，可以调整数字人素材的画面大小和位置，如图 7-29 所示。

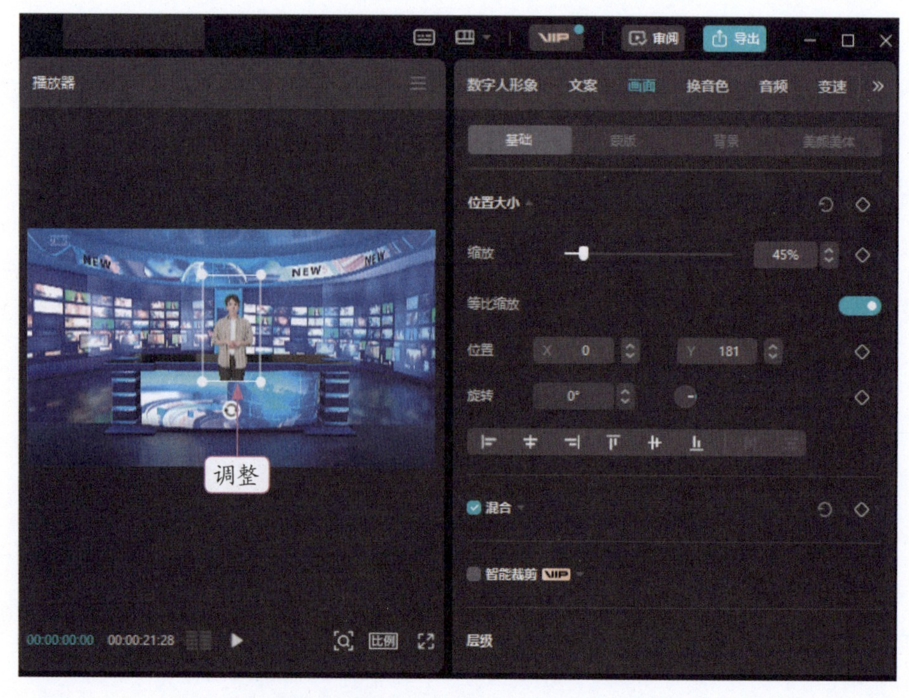

图 7-29 调整数字人素材的画面大小和位置

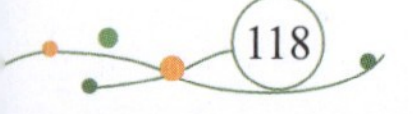

STEP 02 为了遮挡数字人的下半身，选择背景素材，按 Ctrl ＋ C 组合键复制素材，按 Ctrl ＋ V 组合键粘贴背景素材，❶调整其轨道位置，使其处于第 2 条画中画轨道；❷单击“关闭原声”按钮，设置背景视频为静音，如图 7-30 所示。

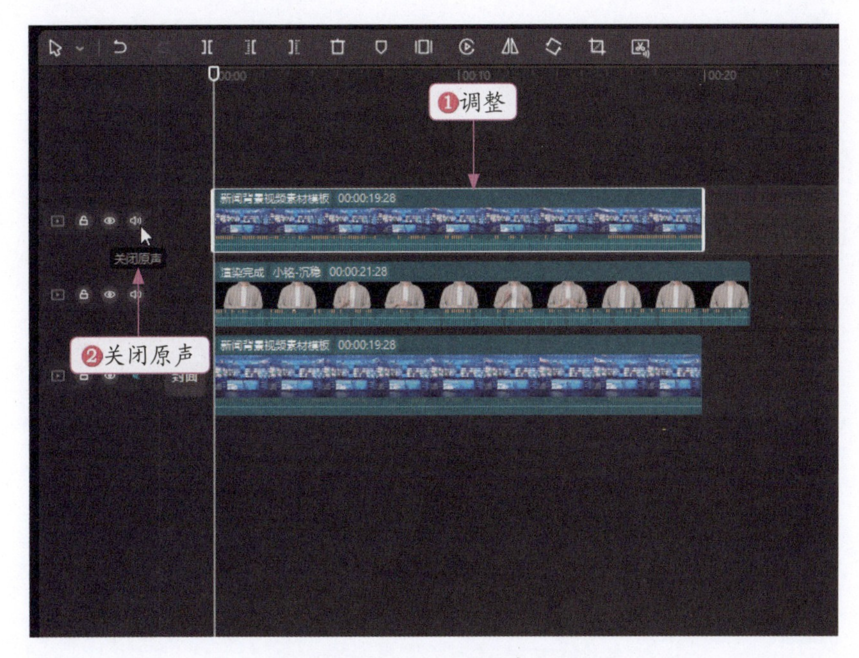

图 7-30 单击“关闭原声”按钮

STEP 03 ❶切换至“蒙版”选项卡；❷选择“线性”蒙版；❸调整蒙版线的位置；❹单击“反转”按钮，遮挡住数字人的下半身，如图 7-31 所示。

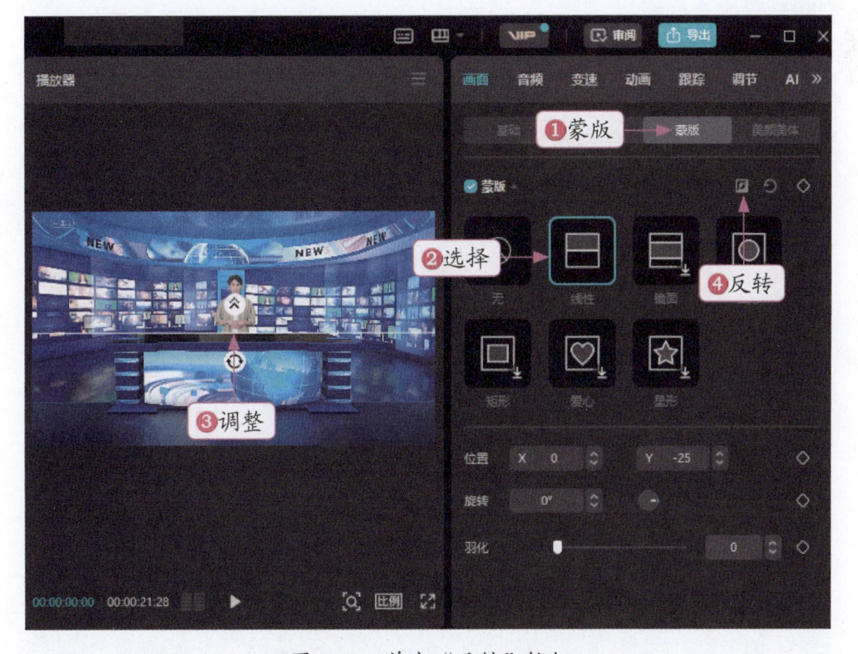

图 7-31 单击“反转”按钮

STEP 04 执行操作后，需要为剩下的数字人添加背景素材，❶选择第 2 条画中画轨道中的背景素材，按 Ctrl ＋ C 组合键复制素材；❷在背景素材的后面按 Ctrl ＋ V 组合键粘贴素材；❸在数字人素材的后面单击“向右裁剪”按钮，如图 7-32 所示，分割并删除多余的背景素材。

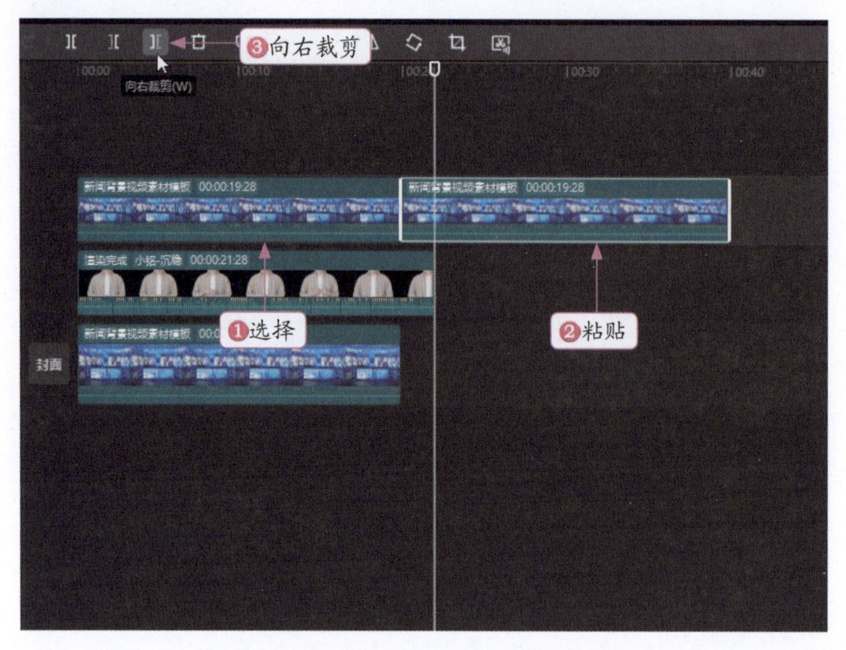

图 7-32 单击“向右裁剪”按钮（1）

STEP 05 继续添加背景素材，❶选择视频轨道中的背景素材，按 Ctrl ＋ C 组合键复制素材；❷在背景素材的后面按 Ctrl ＋ V 组合键粘贴素材；❸在数字人素材的后面单击“向右裁剪”按钮，如图 7-33 所示，继续分割并删除多余的背景素材。

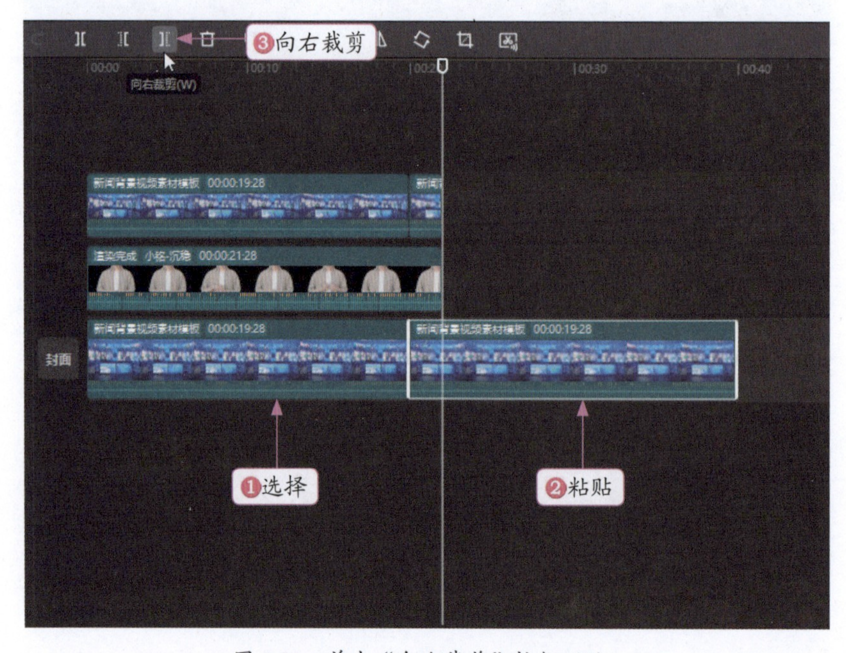

图 7-33 单击“向右裁剪”按钮（2）

STEP 06 执行操作后，即可开始添加字幕背景，❶单击“贴纸”按钮，进入“贴纸”功能区；❷在搜索栏中输入并搜索“新闻”；❸在搜索结果中单击所选贴纸右下角的“添加到轨道”按钮，如图 7-34 所示。

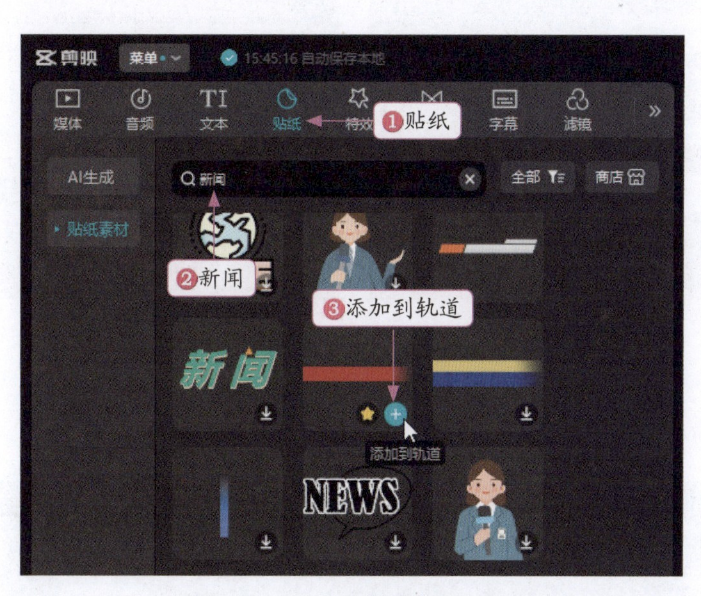

图 7-34　单击“添加到轨道”按钮

STEP 07 添加贴纸之后，调整贴纸的时长，使其对齐视频的时长，如图 7-35 所示。

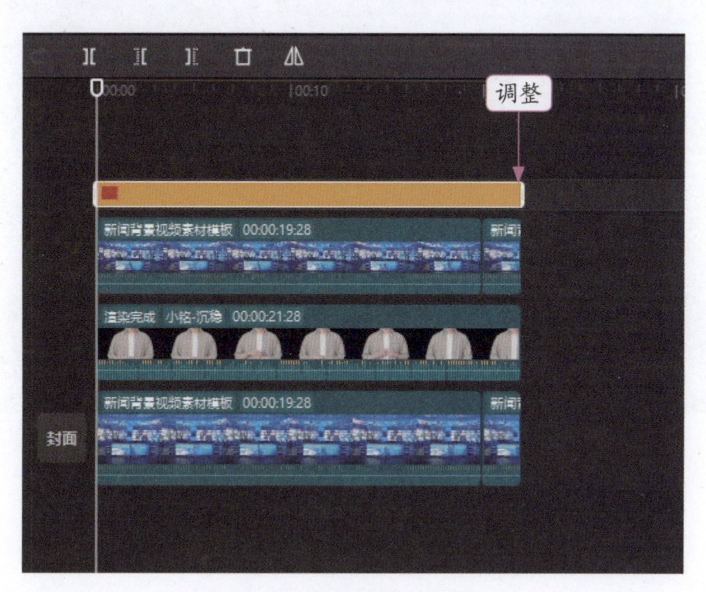

图 7-35　调整贴纸的时长

STEP 08 ❶单击“文本”按钮，进入“文本”功能区；❷切换至“智能字幕”选项卡；❸在“识别字幕”选项区中单击“开始识别”按钮，如图 7-36 所示。

STEP 09 稍等片刻，即可为视频添加字幕，如图 7-37 所示。

图 7-36　单击“开始识别”按钮

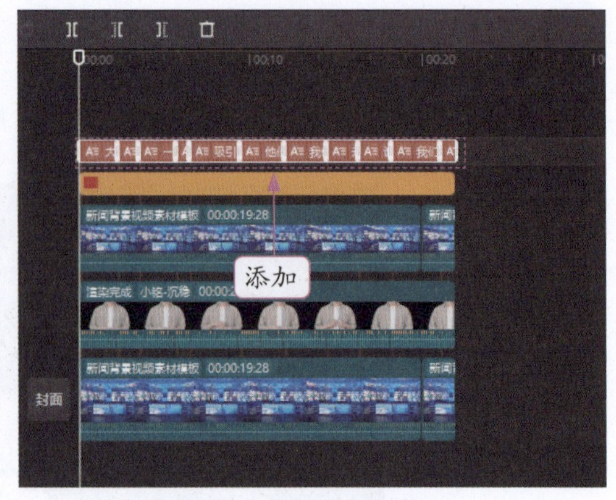

图 7-37　为视频添加字幕

STEP 10 ❶在“播放器”面板中调整贴纸的画面大小和位置，选择字幕；❷在“文本”操作区中设置合适的字体；❸单击“导出”按钮，导出视频，如图 7-38 所示。

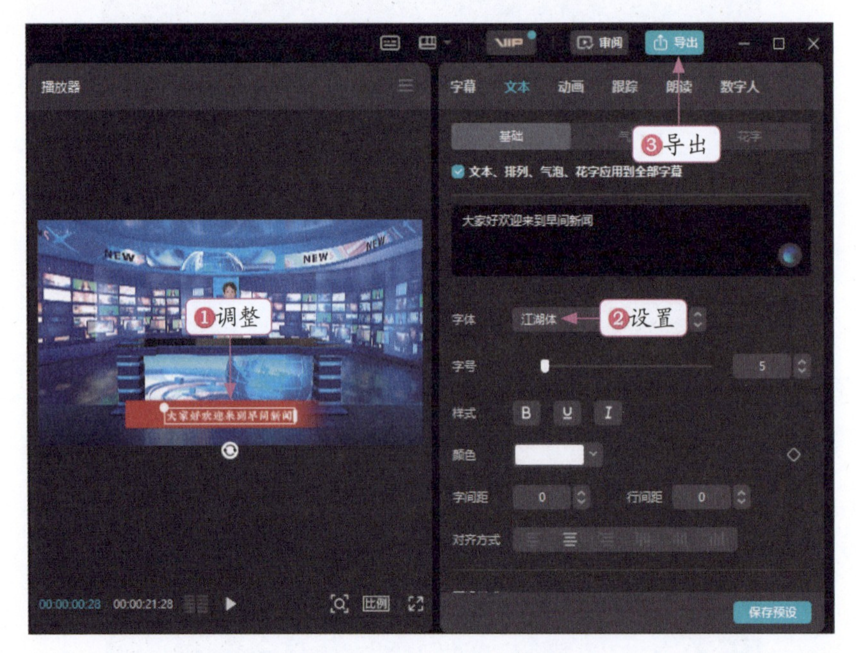

图 7-38　单击“导出”按钮

第8章

AI 基础剪辑功能，让视频处理变得方便

章前知识导读

随着剪映版本的更新，也带来了更多的AI剪辑功能，这些功能可以帮助用户快速提升剪辑效率，节省剪辑时间。本章将为读者介绍如何使用剪映中的AI功能剪辑视频，包括智能抠像功能、智能补帧功能、智能调色功能、智能识别歌词功能等。

新手重点索引

- 什么是AI基础剪辑功能
- 掌握AI剪辑入门功能
- 掌握AI剪辑进阶功能

效果图片欣赏

8.1 什么是 AI 基础剪辑功能

AI 基础剪辑功能是指利用人工智能技术自动处理视频内容的一种功能。具体来说，它可以通过算法分析视频素材、语音和文字信息，并在此基础上自动完成视频的剪辑、配音、添加字幕以及生成视频等复杂操作。

本节主要介绍剪映中的 AI 基础剪辑功能及其作用。

8.1.1 剪映中的 AI 基础剪辑功能是什么

剪映中的 AI 基础剪辑功能是指一系列集成了人工智能技术的视频编辑工具，旨在提升视频剪辑的效率和创意性。这些功能通过智能分析视频内容、自动处理素材以及提供个性化建议，为用户带来全新的编辑体验。

下面介绍剪映中 AI 基础剪辑功能的 4 个特点，如图 8-1 所示。

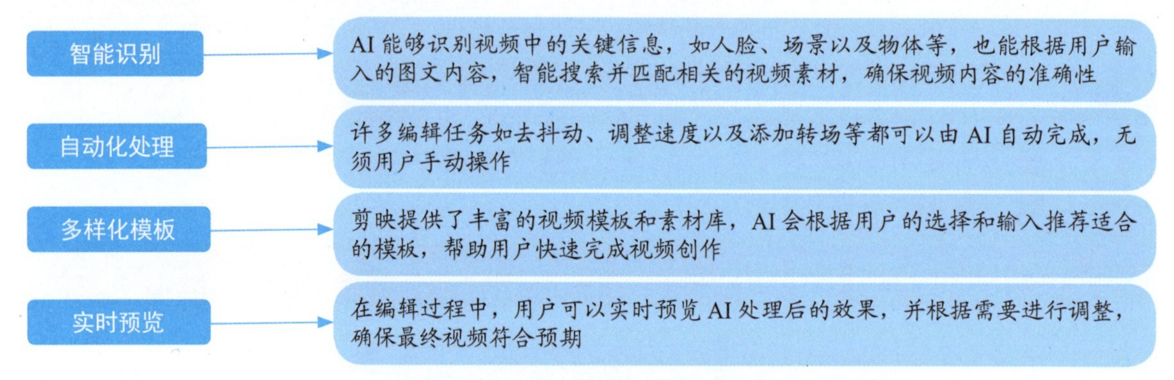

图 8-1　AI 基础剪辑功能的 4 个特点

8.1.2 剪映中的 AI 基础剪辑功能有什么作用

剪映 AI 基础剪辑功能有很多种，包括智能裁剪、智能识别字幕、智能抠像、智能补帧、智能调色、智能美妆以及智能修复等，这些功能的结合使用，使得即使是剪辑新手也能迅速制作出看起来专业且吸引人的视频内容。

下面介绍剪映 AI 基础剪辑功能的 4 个作用，如图 8-2 所示。

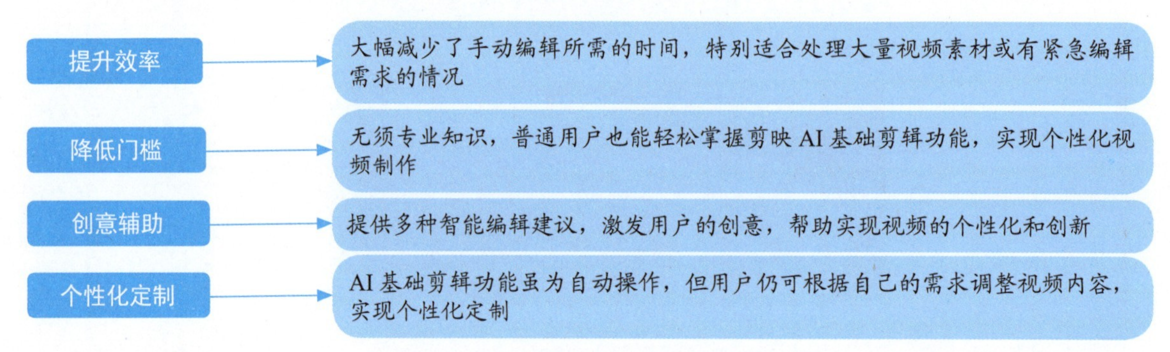

图 8-2　AI 基础剪辑功能的 4 个作用

综上所述，剪映的 AI 基础剪辑功能旨在让视频编辑变得更加智能、快速和直观。无论是个人创作者还是企业用户，都可以通过这些功能高效地制作出吸引人的视频内容。

8.2 掌握 AI 剪辑入门功能

剪映中的 AI 剪辑功能可以帮助我们快速剪辑视频，用户仅需简单操作并耐心等待，AI 便能智能分析并快速生成精美视频，轻松实现个性化与专业化的画面效果，让创意变成现实。本节主要介绍 AI 剪辑入门功能，帮助读者打好剪辑基础。

8.2.1 学会智能裁剪转换视频比例

【效果对比】：智能裁剪可以转换视频的比例，快速实现横竖屏转换，同时保持人物主体在最佳位置，自动追踪主体。在剪映中可以将横版的视频转换为竖版的视频，这样视频就更适合在手机中播放和观看，还能裁去多余的画面，原图与效果图对比如图 8-3 所示。

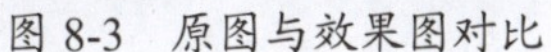

图 8-3 原图与效果图对比

1 在剪映手机版中制作视频

下面介绍在剪映手机版中使用智能裁剪功能制作视频的操作方法。

扫码看教学

STEP 01 打开剪映手机版，进入“剪辑”界面，点击“开始创作”按钮，如图 8-4 所示。

STEP 02 ❶在“视频”选项卡中选择视频素材；❷选中“高清”复选框；❸点击“添加”按钮，如图 8-5 所示，添加视频。

STEP 03 ❶在编辑界面中选择视频素材；❷为了转换视频的比例，点击“智能裁剪”按钮，如图 8-6 所示。

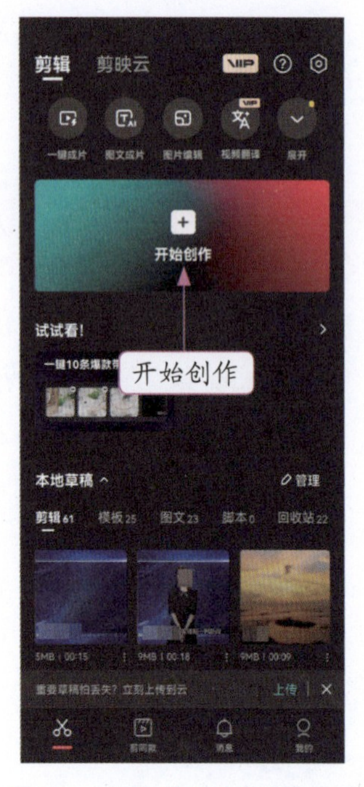

图 8-4　点击“开始创作”按钮

图 8-5　点击“添加”按钮

图 8-6　点击“智能裁剪”按钮

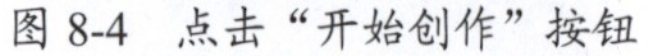

STEP 04 弹出相应的面板，❶选择 9:16 选项，把横屏转换为竖屏，❷设置“镜头位移速度”为“更慢”，❸点击✓按钮，如图 8-7 所示，确认操作，回到一级工具栏。

STEP 05 为了去除画面黑边，在编辑界面中点击“比例”按钮，如图 8-8 所示。

STEP 06 弹出相应的面板，❶选择 9:16 选项，去除画面左右两侧的黑边；❷点击右上角的“导出”按钮，如图 8-9 所示。

图 8-7　点击✓按钮

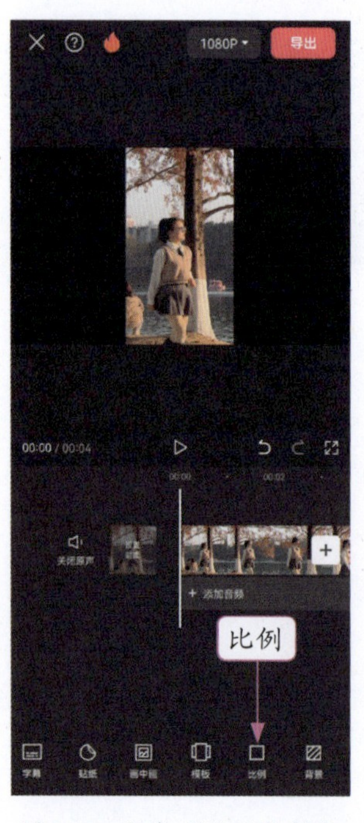

图 8-8　点击“比例”按钮

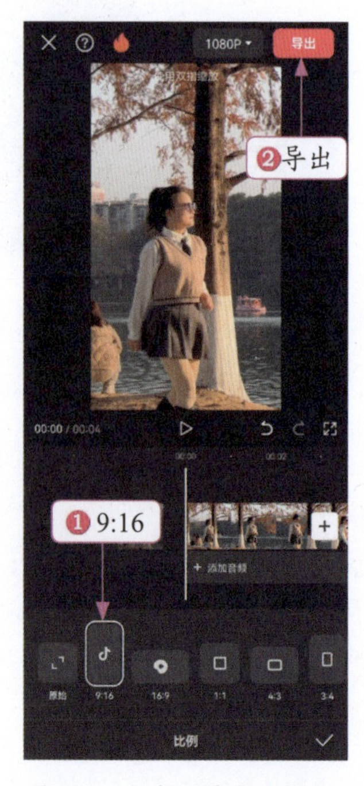

图 8-9　点击“导出”按钮

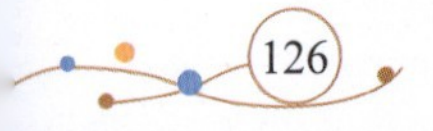

STEP 07 为了分享视频到抖音平台，导出成功之后，点击“抖音”按钮，如图 8-10 所示。

STEP 08 自动跳转至抖音手机版，在弹出的界面中点击“下一步”按钮，如图 8-11 所示。

STEP 09 用户可以编辑相应的内容，如图 8-12 所示，点击“发布”按钮，即可发布视频。

图 8-10　点击“抖音”按钮

图 8-11　点击“下一步”按钮

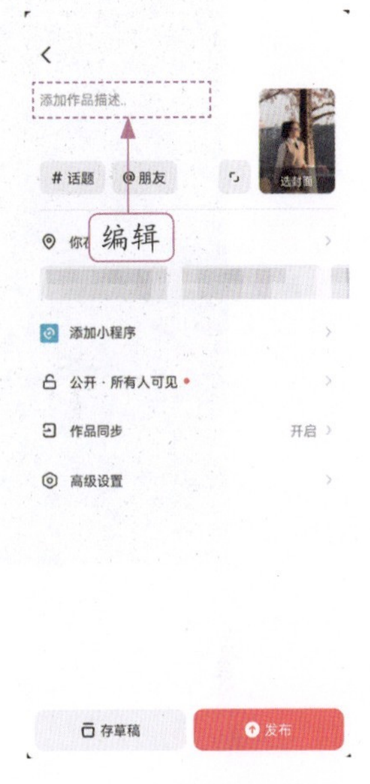

图 8-12　编辑相应的内容

② 在剪映电脑版中制作视频

下面介绍在剪映电脑版中使用智能裁剪功能制作视频的操作方法。

扫码看教学

STEP 01 进入剪映电脑版首页，单击“智能裁剪”按钮，如图 8-13 所示。

图 8-13　单击“智能裁剪”按钮

STEP 02 弹出“智能裁剪”面板，单击“导入视频”按钮，如图 8-14 所示。

图 8-14　单击“导入视频”按钮

STEP 03 弹出“打开”对话框，❶在相应的文件夹中选择视频素材；❷单击“打开”按钮，如图 8-15 所示，导入视频。

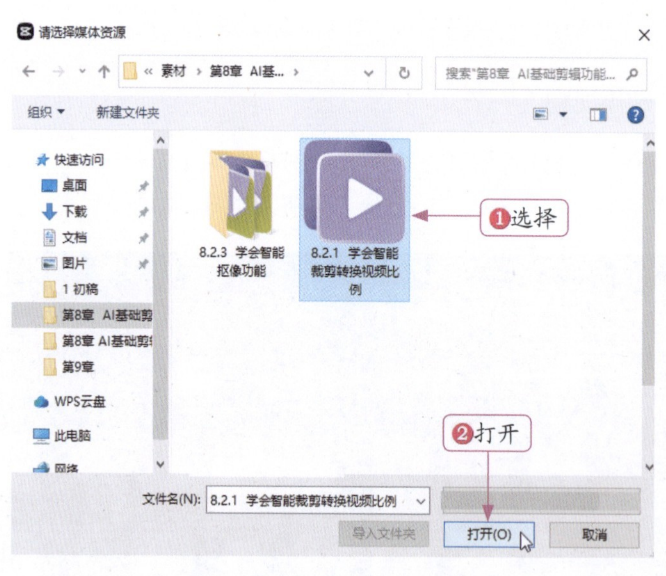

图 8-15　单击“打开”按钮

STEP 04 进入“智能裁剪”面板，❶选择 9:16 选项，把横屏转换为竖屏；❷设置“镜头稳定度”为“稳定”，如图 8-16 所示。

STEP 05 ❶单击 按钮；❷设置“镜头位移速度”为“更慢”，继续稳定画面；❸单击“导出”按钮，如图 8-17 所示。

STEP 06 弹出“另存为”对话框，❶选择相应的文件夹；❷输入文件名称；❸单击“保存”按钮，如图 8-18 所示，即可把成品视频导出至相应的文件夹中。

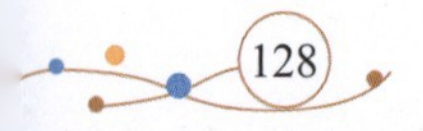

图 8-16　设置“镜头稳定度”为“稳定”

图 8-17　单击“导出”按钮

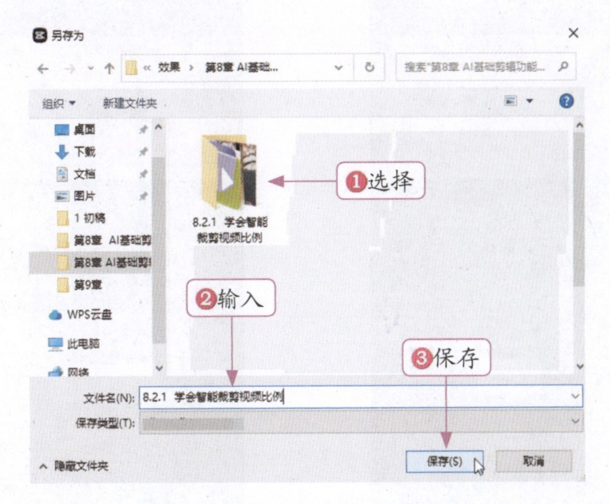

图 8-18　单击“保存”按钮

专家指点

在剪映中，“智能裁剪”需要开通剪映会员才能使用，其他一些智能功能也需要开通剪映会员才能使用，用户可以根据需要选择是否开通会员。

8.2.2 学会智能识别字幕

【效果展示】：运用智能识别字幕功能识别出来的字幕，会自动生成在视频画面的下方，不过需要视频中带有清晰的人声音频，不然识别不出来，方言和外语可能也识别不出来。目前，剪映还新增了支持智能识别双语字幕和智能划重点功能，不过双语字幕功能需要开通会员才能使用，用户可以根据需要进行设置，效果展示如图 8-19 所示。

图 8-19　效果展示

① 在剪映手机版中制作视频

下面介绍在剪映手机版中使用智能识别字幕功能制作视频的操作方法。

扫码看教学

STEP 01 在剪映手机版中导入视频，点击“文字”按钮，如图 8-20 所示。

STEP 02 在弹出的二级工具栏中，点击“识别字幕”按钮，如图 8-21 所示。

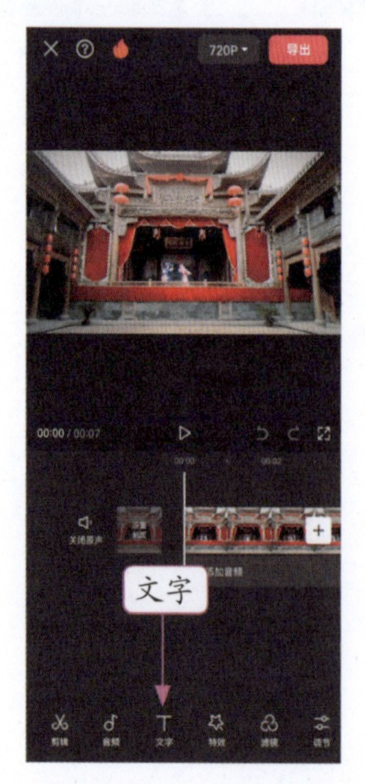

图 8-20　点击“文字”按钮

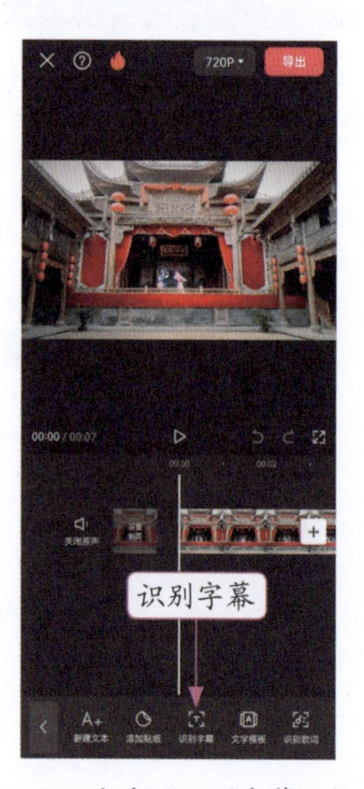

图 8-21　点击“识别字幕”按钮

STEP 03 弹出“识别字幕”面板，❶关闭“智能划重点”和“智能去水词”功能；❷点击“开始识别”按钮，如图 8-22 所示。

STEP 04 识别出字幕之后，点击“编辑字幕”按钮，如图 8-23 所示。

STEP 05 弹出“编辑字幕”面板，❶选择第 1 段字幕；❷点击 Aa 按钮，如图 8-24 所示。

图 8-22 点击“开始识别”按钮

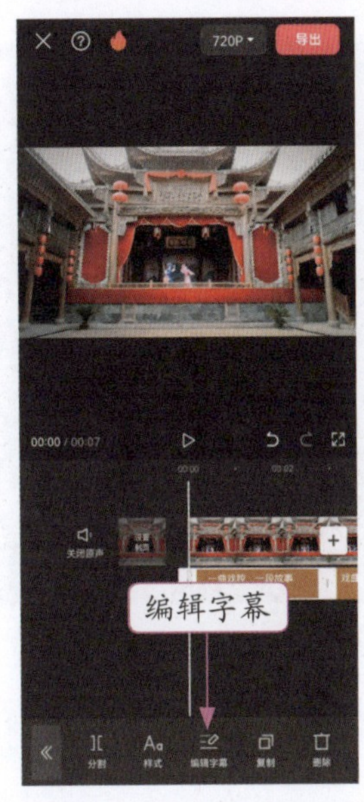

图 8-23 点击“编辑字幕”按钮

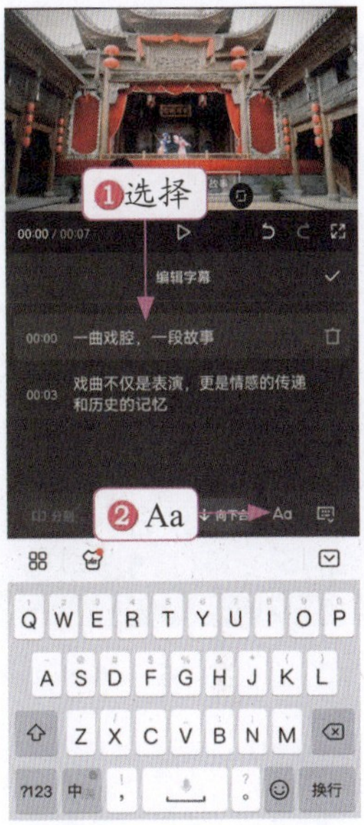

图 8-24 点击 Aa 按钮

STEP 06 进入相应界面，❶切换至“文字模板”，再切换到其中的“字幕”选项卡；❷选择合适的文字模板，如图 8-25 所示。

STEP 07 同理，为第 2 段字幕也选择同样的文字模板样式，点击✓按钮，如图 8-26 所示，最后点击“导出”按钮，即可导出视频。

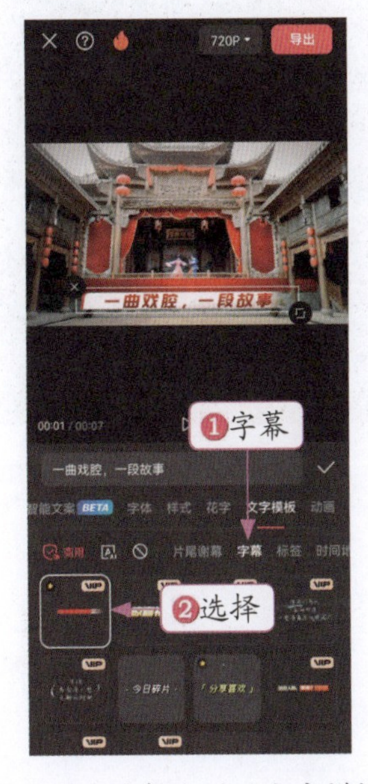

图 8-25 选择合适的文字模板

图 8-26 点击✓按钮

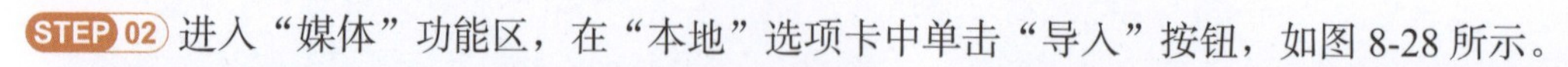

② 在剪映电脑版中制作视频

下面介绍在剪映电脑版中使用智能识别字幕功能制作视频的操作方法。

扫码看教学

STEP 01 进入剪映电脑版首页，单击“开始创作”按钮，如图 8-27 所示。

STEP 02 进入“媒体”功能区，在“本地”选项卡中单击“导入”按钮，如图 8-28 所示。

图 8-27　单击“开始创作”按钮

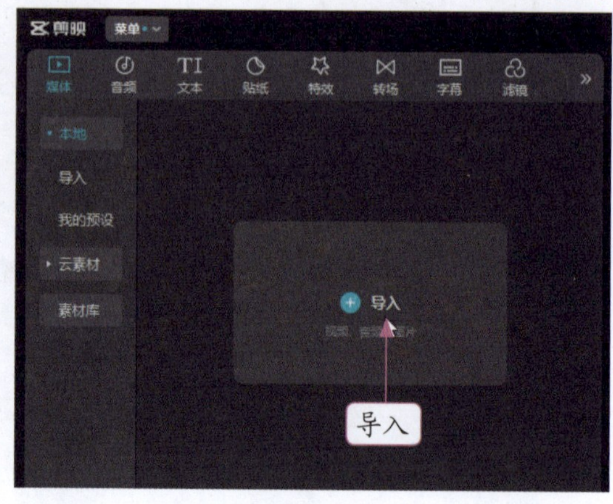

图 8-28　单击“导入”按钮

STEP 03 弹出“请选择媒体资源”对话框，❶在相应的文件夹中，选择视频素材；❷单击“打开”按钮，如图 8-29 所示，导入素材。

STEP 04 单击视频素材右下角的“添加到轨道”按钮，如图 8-30 所示，把视频素材添加到视频轨道中。

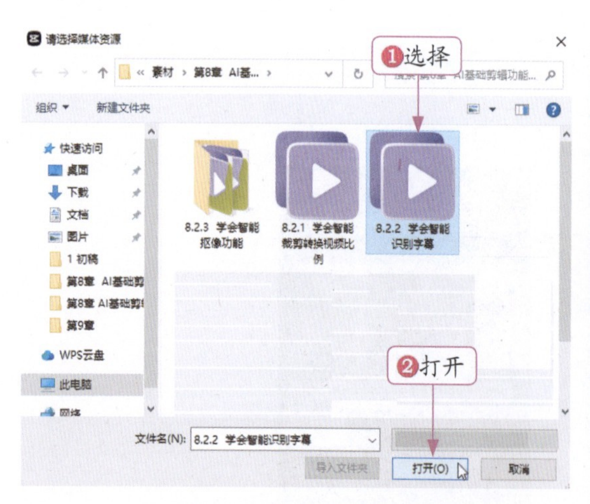

图 8-29　单击“打开”按钮

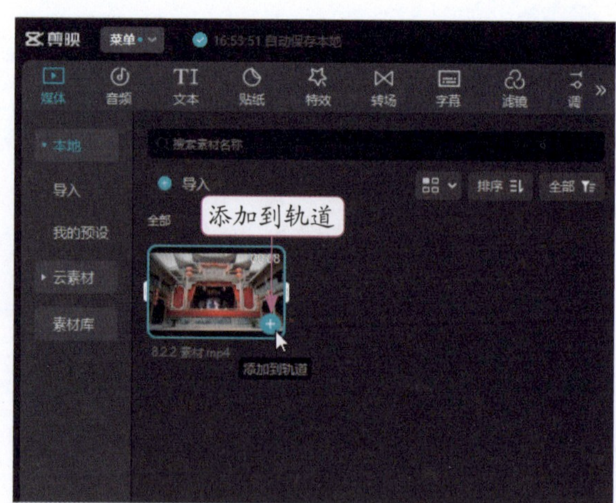

图 8-30　单击“添加到轨道”按钮（1）

STEP 05 ❶单击“文本”按钮，进入“文本”功能区；❷切换至“智能字幕”选项卡；❸单击“识别字幕”选项区中的“开始识别”按钮，如图 8-31 所示。

STEP 06 稍等片刻，即可生成字幕轨道，❶切换至“字幕”选项卡；❷单击所选文字模板右下角的“添加到轨道”按钮，如图 8-32 所示，添加文字模板。

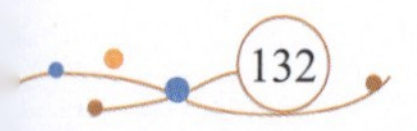

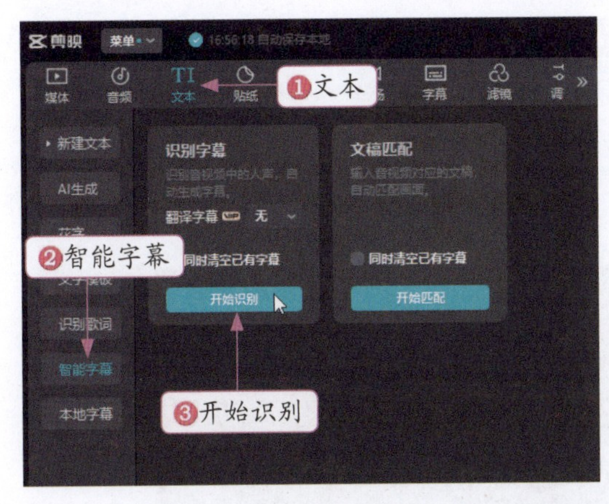

图 8-31　单击“开始识别”按钮

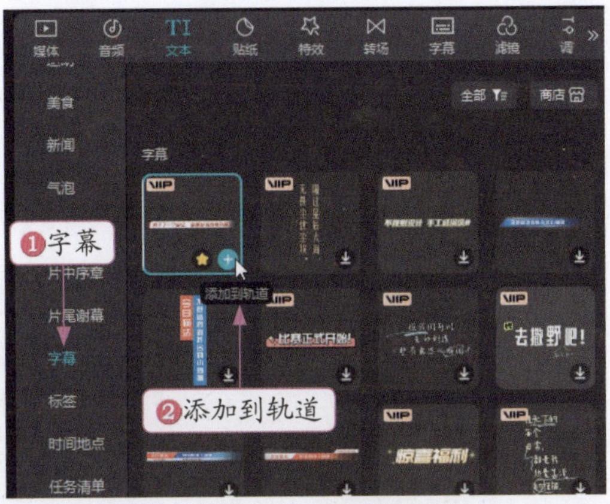

❶字幕
❷添加到轨道

图 8-32　单击“添加到轨道”按钮（2）

STEP 07 同理，添加 3 段同样的文字模板，并调整各自的时长和轨道位置，使其对齐两段识别字幕的时长，如图 8-33 所示。

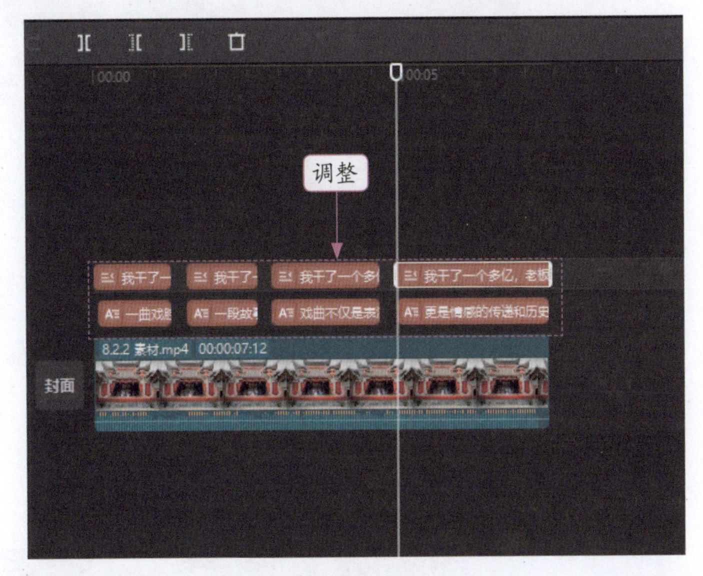

图 8-33　调整文字的时长

STEP 08 为了给文字模板修改内容，复制第 1 段识别字幕的内容，选择第 1 段文字模板，在“文本”操作区中，❶粘贴内容；❷调整文字的位置，如图 8-34 所示。

图 8-34　调整文字的位置（1）

专家指点

在添加文字模板的时候，用户需要手动更改文字模板中的默认内容，然后删掉原先智能识别的字幕。

STEP 09 复制第 2 段识别字幕的内容，选择第 2 段文字模板，在“文本”操作区中，❶粘贴内容；❷继续调整文字的位置，如图 8-35 所示。第 3 段、第 4 段字幕重复同样的操作。

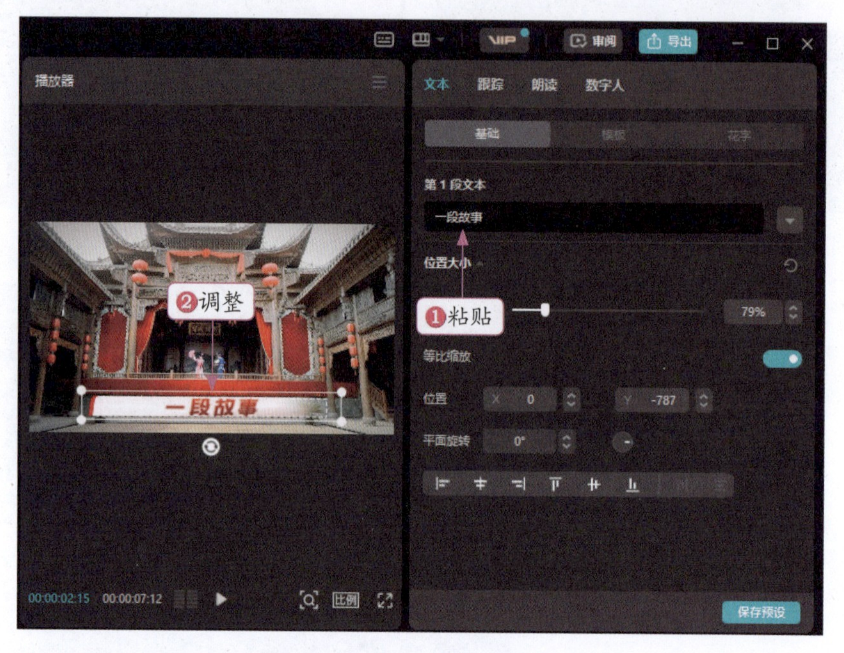

图 8-35 调整文字的位置（2）

STEP 10 ❶按住 Ctrl 键选中 4 段识别字幕文本；❷单击“删除”按钮，如图 8-36 所示，删除不需要的文字。最后单击“导出”按钮，即可导出视频。

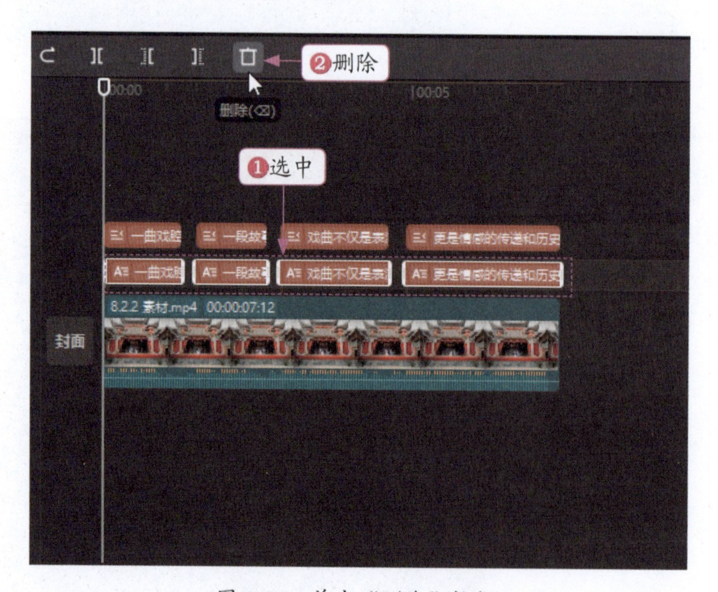

图 8-36 单击“删除”按钮

8.2.3 学会智能抠像

【效果展示】：使用“智能抠像”功能可以把人物抠出来，还可以更换视频背景，让人物处于不同的场景中，效果展示如图 8-37 所示。

图 8-37 效果展示

① 在剪映手机版中制作视频

下面介绍在剪映手机版中使用智能抠像功能制作视频的操作方法。

扫码看教学

STEP 01 打开剪映手机版，①在“视频”选项卡中依次选择人物视频和背景视频；②选中“高清”复选框；③点击“添加”按钮，如图 8-38 所示，添加两段视频。

STEP 02 为了切换轨道，①选择人物视频；②点击“切画中画”按钮，如图 8-39 所示。

STEP 03 把人物视频切换至画中画轨道中，为了抠人物，点击“抠像”按钮，如图 8-40 所示。

图 8-38 点击“添加”按钮

图 8-39 点击“切画中画”按钮

图 8-40 点击“抠像”按钮

STEP 04 在弹出的工具栏中点击“智能抠像”按钮，把人物抠出来，更换背景，如图 8-41 所示。

STEP 05 弹出相应界面，人物抠像成功，如图 8-42 所示。

图 8-41　点击“智能抠像”按钮

图 8-42　人物抠像成功

❷ 在剪映电脑版中制作视频

下面介绍在剪映电脑版中使用智能抠像功能制作视频的操作方法。

扫码看教学

STEP 01 进入剪映电脑版首页，单击“开始创作”按钮，进入“媒体”功能区，在“本地”选项卡中导入背景视频和人物视频，单击背景视频右下角的“添加到轨道”按钮，如图 8-43 所示，把背景视频添加到视频轨道中。

STEP 02 把人物视频拖曳至画中画轨道中，如图 8-44 所示。

图 8-43　单击“添加到轨道”按钮

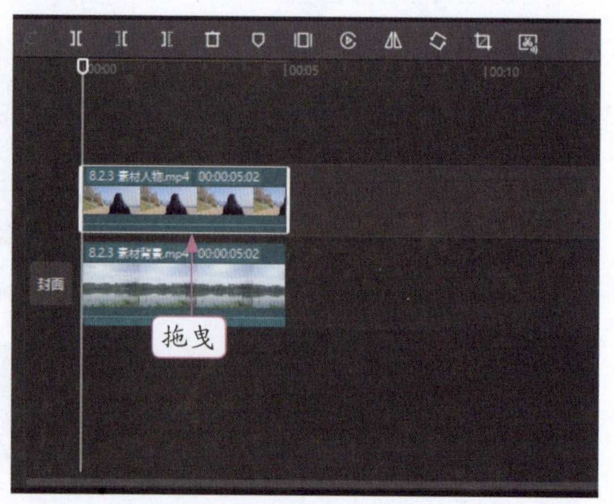

图 8-44　把人物视频拖曳至画中画轨道中

STEP 03 在“画面”功能区中，❶切换至“抠像”选项卡；❷选中“智能抠像”复选框，如图 8-45 所示，稍等片刻，即可把人物抠出来，更换背景。最后单击“导出”按钮，即可导出视频。

图 8-45　选中“智能抠像”复选框

8.2.4　学会智能补帧

【效果展示】：在一些唯美的视频中，会使用慢动作效果。在制作慢动作效果的时候，可以用到“智能补帧”功能，这个功能可以让慢速画面变得流畅些，效果展示如图 8-46 所示。

图 8-46　效果展示

❶　在剪映手机版中制作视频

下面介绍在剪映手机版中使用智能补帧功能制作视频的操作方法。

扫码看教学

STEP 01 在剪映手机版中导入一段视频，❶选择视频素材；❷点击“变速”按钮，如图 8-47 所示。

STEP 02 在弹出的二级工具栏中点击“常规变速”按钮，如图 8-48 所示。

STEP 03 进入“变速”面板，❶设置“变速”参数为 0.2s；❷选中“智能补帧”复选框；❸点击✓按钮，如图 8-49 所示，稍等片刻，即可制作慢动作视频。

图 8-47 点击“变速”按钮

图 8-48 点击“常规变速”按钮

图 8-49 点击☑按钮

STEP 04 为了添加背景音乐，在一级工具栏中点击“音频”按钮，如图 8-50 所示。

STEP 05 在弹出的二级工具栏中点击“音乐”按钮，如图 8-51 所示。

STEP 06 进入“音乐”界面，点击搜索栏，如图 8-52 所示，输入并搜索“风吹过八千里”。

专家指点

用户在添加音乐的时候，可以在“抖音”“卡点”“国风”等不同风格版块中选择合适的音乐，也可以手动搜索歌曲或歌手名字，选择自己喜欢的音乐。

图 8-50 点击“音频”按钮

图 8-51 点击“音乐”按钮

图 8-52 点击搜索栏

STEP 07 进入相应界面，点击所选音乐右侧的“使用”按钮，如图 8-53 所示。

STEP 08 为了剪辑音频素材的时长，❶在视频的末尾位置选择音频素材；❷点击“分割”按钮，分割音频，如图 8-54 所示。

STEP 09 ❶默认选择分割后的第 2 段音频素材；❷点击“删除”按钮，如图 8-55 所示，删除多余的音频片段。

图 8-53 点击“使用”按钮

图 8-54 点击“分割”按钮

图 8-55 点击“删除”按钮

② 在剪映电脑版中制作视频

下面介绍在剪映电脑版中使用智能补帧功能制作视频的操作方法。

STEP 01 进入剪映电脑版首页，单击“开始创作”按钮，进入“媒体”功能区，在“本地”选项卡中导入视频素材，单击视频素材右下角的“添加到轨道”按钮，如图 8-56 所示，把视频素材添加到视频轨道中。

图 8-56 单击“添加到轨道”按钮（1）

STEP 02 在右上方的功能区中，❶单击“变速”按钮，进入“变速”操作区；❷在“常规变速”选项卡中设置“倍数”参数为 0.2x；❸选中“智能补帧”复选框，稍等片刻，即可制作慢动作视频效果，如图 8-57 所示。

图 8-57 选中“智能补帧”复选框

STEP 03 ❶单击“音频”按钮，进入“音频”功能区；❷在搜索栏中输入并搜索歌曲名；❸单击所选音乐右下角的“添加到轨道”按钮，如图 8-58 所示，添加背景音乐。

图 8-58 单击“添加到轨道”按钮（2）

STEP 04 ❶选择音频素材；❷在视频的末尾位置单击“向右裁剪”按钮，如图 8-59 所示，把多余的音频素材裁剪和删除掉。最后单击“导出”按钮，即可导出视频。

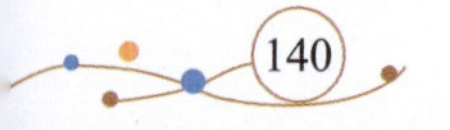

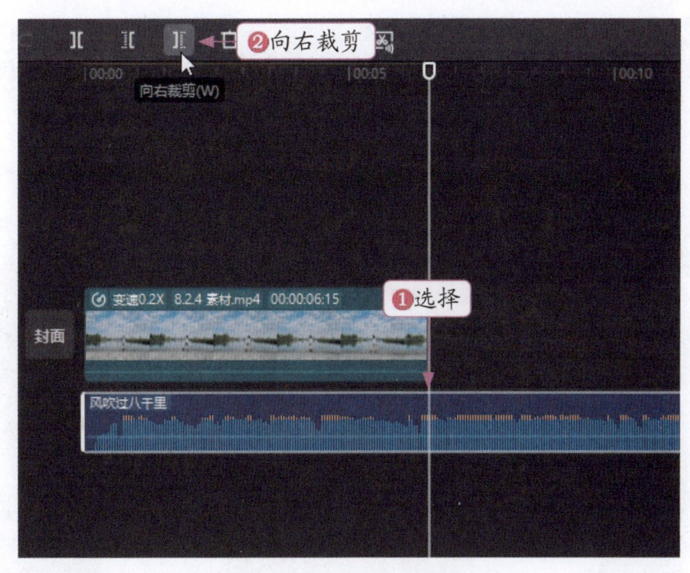

图 8-59　单击“向右裁剪”按钮

8.2.5　学会智能调色

【效果对比】：如果视频画面过曝或者欠曝，色彩也不够鲜艳，就可以使用“智能调色”功能为画面进行自动调色，用户还可以通过调整相应的参数，让视频画面变得靓丽些，原图与效果图对比如图 8-60 所示。

图 8-60　原图与效果图对比

① 在剪映手机版中制作视频

下面介绍在剪映手机版中使用智能调色功能制作视频的操作方法。

扫码看教学

STEP 01 在剪映手机版中导入视频，①选择视频；②点击“调节”按钮，如图 8-61 所示。

STEP 02 进入“调节”选项卡，选择“智能调色”选项，进行快速调色，优化视频画面，如图 8-62 所示。

STEP 03 为了继续调整视频画面，设置“饱和度”参数为 20，让画面色彩变得鲜艳一些，如图 8-63 所示。

图 8-61 点击"调节"按钮

图 8-62 选择"智能调色"选项

图 8-63 设置"饱和度"参数

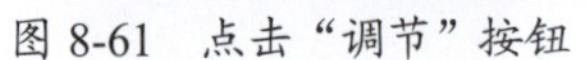

STEP 04 设置"光感"参数为 -8，减少画面曝光，如图 8-64 所示。

STEP 05 设置"色温"参数为 -12，让画面偏冷色，如图 8-65 所示。

STEP 06 ❶设置"色调"参数为 -6，让画面偏蓝调，让海水更好看，❷点击☑按钮；❸点击"导出"按钮，如图 8-66 所示，即可导出视频。

图 8-64 设置"光感"参数

图 8-65 设置"色温"参数

图 8-66 点击"导出"按钮

❷ 在剪映电脑版中制作视频

扫码看教学

下面介绍在剪映电脑版中使用智能调色功能制作视频的操作方法。

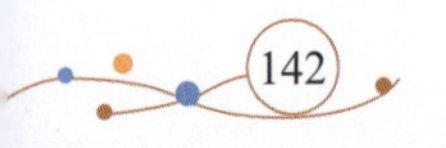

STEP 01 进入剪映电脑版首页，单击“开始创作”按钮，进入“媒体”功能区，在“本地”选项卡中导入视频素材，单击视频素材右下角的“添加到轨道”按钮，如图 8-67 所示，把视频素材添加到视频轨道中。

图 8-67　单击“添加到轨道”按钮

STEP 02 选择视频素材，❶单击“调节”按钮，进入“调节”操作区；❷选中“智能调色”复选框，进行智能调色，如图 8-68 所示。

图 8-68　选中“智能调色”复选框

STEP 03 为了继续调整视频画面，设置“色温”为 -12、“色调”为 -6、“饱和度”为 20、“光感”为 -8，让画面偏蓝色调、冷色一些，同时让视频色彩更加鲜艳，如图 8-69 所示，最后单击“导出”按钮，即可导出视频。

图 8-69　设置相应的参数

8.3 掌握 AI 剪辑进阶功能

为了让读者学会更多的 AI 剪辑功能，本节主要向读者介绍智能美妆、智能识别歌词、智能修复视频和智能打光 AI 剪辑进阶功能的用法。

8.3.1 学会智能美妆

【效果对比】：智能美妆是一款美颜功能，使用这个功能可以快速为人物进行化妆，美化面容，原图与效果图对比如图 8-70 所示。

图 8-70　原图与效果图对比

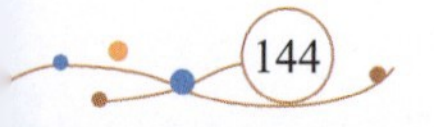

① 在剪映手机版中制作视频

下面介绍在剪映手机版中使用智能美妆功能制作视频的操作方法。

STEP 01 在剪映手机版中导入视频，❶选择人物视频；❷点击“美颜美体”按钮，如图 8-71 所示。

STEP 02 在弹出的工具栏中点击“美颜”按钮，如图 8-72 所示。

图 8-71 点击“美颜美体”按钮

图 8-72 点击“美颜”按钮

STEP 03 ❶切换至“美妆”选项卡；❷选择“氧气感”选项，为人物快速化妆，如图 8-73 所示。

STEP 04 为了继续美化面容，❶切换至“美颜”选项卡；❷选择“美白”选项；❸设置美白参数为 64，让人物皮肤变白一些，如图 8-74 所示，最后点击“导出”按钮，即可导出视频。

图 8-73 选择“氧气感”选项

图 8-74 设置美白参数为 64

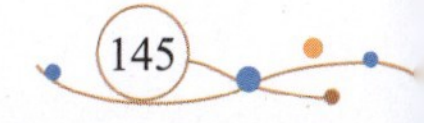

② 在剪映电脑版中制作视频

下面介绍在剪映电脑版中使用智能美妆功能制作视频的操作方法。

扫码看教学

STEP 01 进入剪映电脑版首页，把视频素材添加到视频轨道中，选择视频素材，在“画面”操作区中，❶切换至“美颜美体”选项卡；❷选中“美妆”复选框；❸选择“氧气感”选项，为人物快速化妆，如图 8-75 所示。

图 8-75 选择“氧气感”选项

STEP 02 为了继续美化面容，❶选中“美颜”复选框；❷设置“美白”为 64，让人物皮肤变白一些；❸单击“导出”按钮，如图 8-76 所示，即可导出视频。

图 8-76 单击“导出”按钮

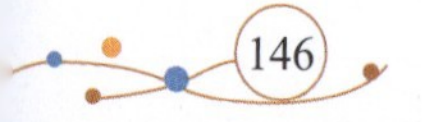

8.3.2 学会智能识别歌词

【效果展示】：如果视频中有清晰的中文歌曲音乐，可以使用“识别歌词”功能，快速识别出歌词字幕，省去了手动添加歌词字幕的操作，还能添加字幕动画，让视频画面更加生动，效果展示如图 8-77 所示。

图 8-77 效果展示

① 在剪映手机版中制作视频

下面介绍在剪映手机版中使用智能识别歌词功能制作视频的操作方法。

扫码看教学

STEP 01 在剪映手机版中导入视频。为了识别出歌词字幕，点击“文字”按钮，如图 8-78 所示。

STEP 02 在弹出的二级工具栏中，点击“识别歌词”按钮，如图 8-79 所示。

STEP 03 弹出“识别歌词”面板，点击“开始匹配”按钮，如图 8-80 所示。

图 8-78 点击“文字”按钮

图 8-79 点击“识别歌词”按钮

图 8-80 点击“开始匹配”按钮

STEP 04 识别出歌词字幕之后，点击“批量编辑”按钮，如图 8-81 所示。

STEP 05 弹出相应的面板。为了修正歌词内容，①选择第 1 段字幕，并修改错误的歌词；②点击 Aa 按钮，如图 8-82 所示。

STEP 06 ①切换至“字体”选项卡，再切换到其中的“热门”选项卡；②选择合适的字体，如图 8-83 所示。

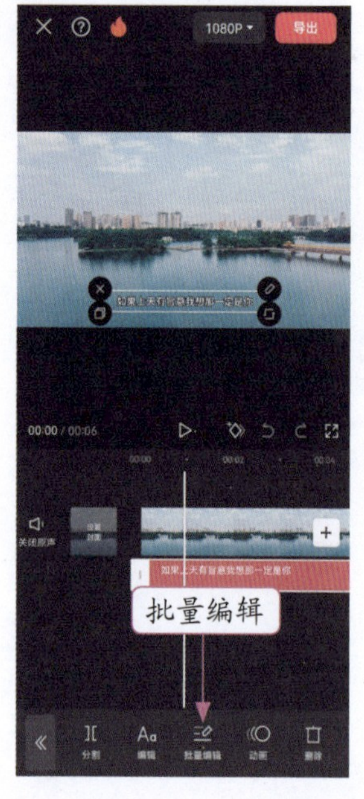

图 8-81 点击“批量编辑”按钮

图 8-82 点击 Aa 按钮

图 8-83 选择合适的字体

STEP 07 为了制作 KTV 字幕效果，①切换至“动画”选项卡；②选择“卡拉 OK”入场动画；③选择天蓝色色块，更改文字的颜色，如图 8-84 所示。

STEP 08 点击“导出”按钮，如图 8-85 所示，即可导出视频。

图 8-84 选择天蓝色色块

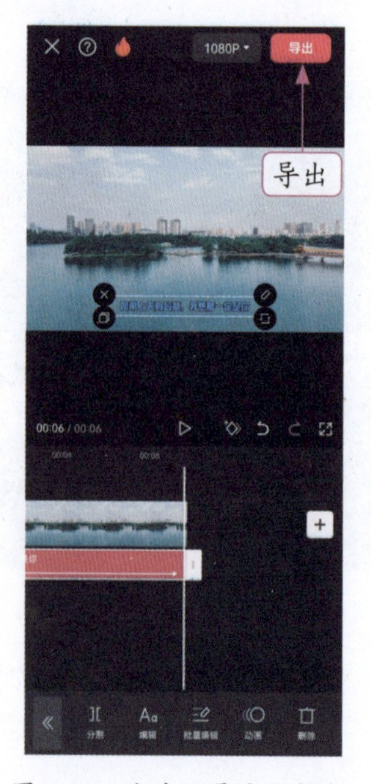

图 8-85 点击“导出”按钮

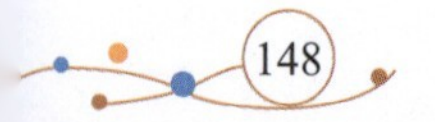

② 在剪映电脑版中制作视频

下面介绍在剪映电脑版中使用智能识别歌词功能制作视频的操作方法。

扫码看教学

STEP 01 打开剪映电脑版，在“本地”选项卡中导入视频素材，单击视频素材右下角的“添加到轨道”按钮，如图 8-86 所示，把视频素材添加到视频轨道中。

STEP 02 为了识别出歌词字幕，①单击“文本”按钮，进入“文本”功能区；②切换至“识别歌词”选项卡；③单击“开始识别”按钮，如图 8-87 所示。

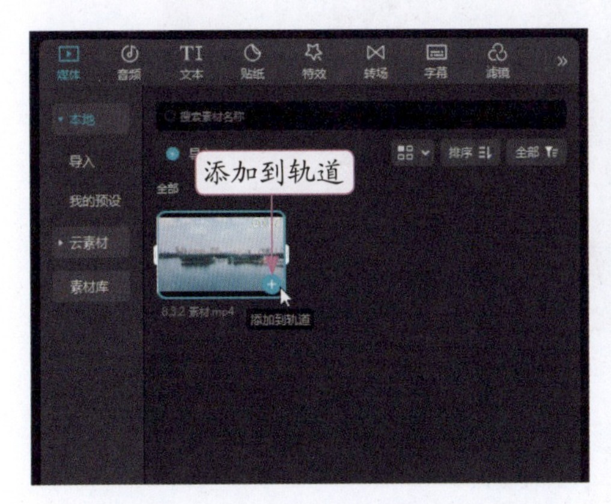

图 8-86 单击“添加到轨道”按钮

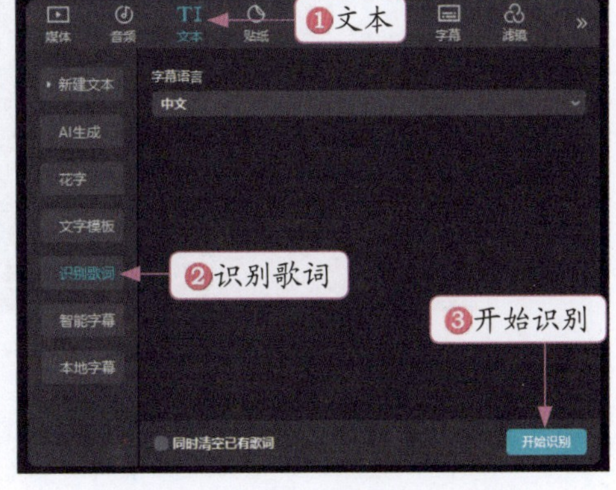

图 8-87 单击“开始识别”按钮

STEP 03 识别出字幕之后，检查歌词字幕有没有错别字，按照歌词原意进行断句，选择歌词字幕，选择合适的字体，如图 8-88 所示。

图 8-88 选择合适的字体

STEP 04 为了制作 KTV 字幕效果，①单击“动画”按钮，进入“动画”操作区；②选择“卡拉OK”入场动画；③设置“动画时长”为 6.3s，贴合字幕效果；④单击“导出”按钮，如图 8-89 所示，即可导出视频。

图 8-89 单击“导出”按钮

8.3.3 学会智能修复视频

【效果对比】：如果视频画面不够清晰，可以使用剪映中的“超清画质”功能，修复视频，让视频画面变得更加清晰一些，原图与效果图对比如图 8-90 所示。

图 8-90 原图与效果图对比

❶ 在剪映手机版中制作视频

下面介绍在剪映手机版中使用智能修复功能制作视频的操作方法。

扫码看教学

STEP 01 打开剪映手机版，进入“剪辑”界面，点击“展开”按钮，展开功能面板，在面板中点击“超清画质”按钮，如图 8-91 所示。

STEP 02 进入“照片视频”界面，在其中选择视频素材，如图 8-92 所示。

STEP 03 稍等片刻，即可让视频画面变得清晰一些。点击“导出”按钮，如图 8-93 所示，导出处理好的视频。

图 8-91　点击“超清画质”按钮

图 8-92　选择视频素材

图 8-93　点击“导出”按钮

② 在剪映电脑版中制作视频

下面介绍在剪映电脑版中使用智能修复功能制作视频的操作方法。

在剪映电脑版中，把视频素材添加到视频轨道中，在“画面”操作区中，❶选中“超清画质”复选框；❷选择“超清”选项，稍等片刻，即可修复视频画面，使人像变得清晰；❸单击“导出”按钮，如图 8-94 所示，即可导出视频。

图 8-94　单击“导出”按钮

8.3.4 学会智能打光

【效果对比】：如果拍摄前期缺少打光操作，在剪映中可以使用“智能打光”功能，为画面增加光源，营造环境氛围光。目前，“智能打光”功能只有剪映电脑版才有，有多种光源和类型可选，原图与效果图对比如图 8-95 所示。

图 8-95 原图与效果图对比

下面介绍在剪映电脑版中使用智能打光功能制作视频的操作方法。

扫码看教学

STEP 01 在剪映电脑版中，把视频素材添加到视频轨道中，选择视频素材，在“画面”操作区中，❶选中“智能打光”复选框；❷选择“温柔面光”选项；❸拖曳打光圆环至人物的脸上，如图 8-96 所示，稍等片刻，即可为人物打光。

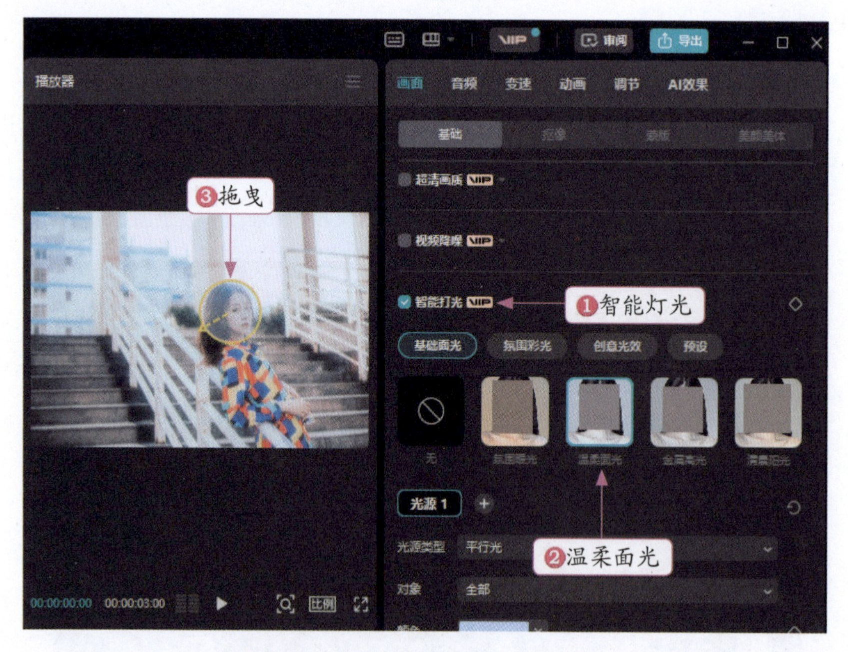

图 8-96 拖曳打光圆环至人物的脸上

STEP 02 为了美化人物的面容，❶切换至“美颜美体”选项卡；❷选中“美颜”复选框；❸设置“美白”为 100，让人物皮肤变白一些，如图 8-97 所示。

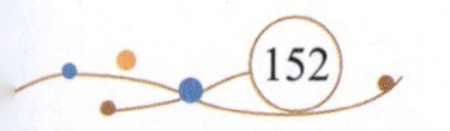

图 8-97　设置“美白”参数

STEP 03 ①单击“调节”按钮，进入“调节”操作区；②选中“智能调色”复选框，快速为视频调色；③单击“导出”按钮，如图 8-98 所示，即可导出视频。

图 8-98　单击“导出”按钮

第9章

AI 特效剪辑功能，对图像画面进行二创

章前知识导读

在制作短视频时，可以为一些画面添加或制作特效，来增加视频的趣味性，提升画面的艺术渲染力。剪映目前更新的 AI 特效功能，可以实现以图生图，改变画面，为视频创作提供了更多创意玩法。本章将向读者详细介绍剪映中的 AI 特效剪辑功能及其使用方法。

新手重点索引

- 什么是 AI 特效剪辑功能
- 掌握 AI 特效的描述词
- 掌握 AI 特效的模型
- 掌握 AI 特效的应用实例
- 掌握使用 AI 制作静态效果的技巧
- 掌握使用 AI 制作动态效果的技巧

效果图片欣赏

9.1 什么是 AI 特效剪辑功能

AI 特效剪辑功能是一种利用人工智能技术实现视频编辑和特效处理的功能。它结合了深度学习、图像处理和自然语言处理等多种技术，能够自动或辅助用户完成视频的剪辑、特效添加以及画面风格调整等任务。本节主要介绍剪映中的 AI 特效剪辑功能及其作用。

9.1.1 剪映中的 AI 特效剪辑功能是什么

剪映中的 AI 特效剪辑功能，是基于人工智能技术的一种视频编辑工具。它主要通过深度学习和图像识别等技术，自动分析视频的内容，如人物、场景和动作等，然后根据分析结果智能地添加各种特效、转场、滤镜等，使视频更具观赏性和艺术感。

下面介绍剪映中 AI 特效剪辑功能的 4 个特点，如图 9-1 所示。

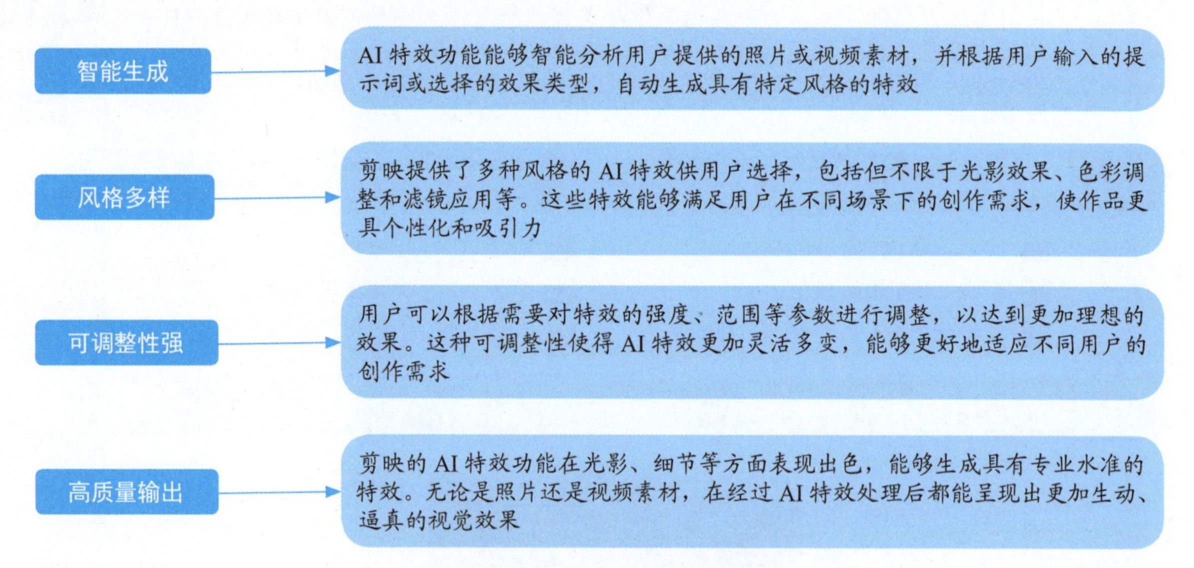

图 9-1　AI 特效剪辑功能的 4 个特点

9.1.2 剪映中的 AI 特效剪辑功能有什么作用

剪映中的 AI 特效剪辑功能在视频编辑过程中扮演着至关重要的角色。下面介绍剪映 AI 特效剪辑功能的 5 个作用，如图 9-2 所示。

综上所述，剪映中的 AI 特效剪辑功能在提升制作效率、增强视频质量、拓展创作可能性、降低制作门槛和提升用户体验等方面发挥着重要作用。这些功能不仅为专业视频制作者提供了强大的技术支持，也为广大普通用户带来了便捷的视频编辑体验。

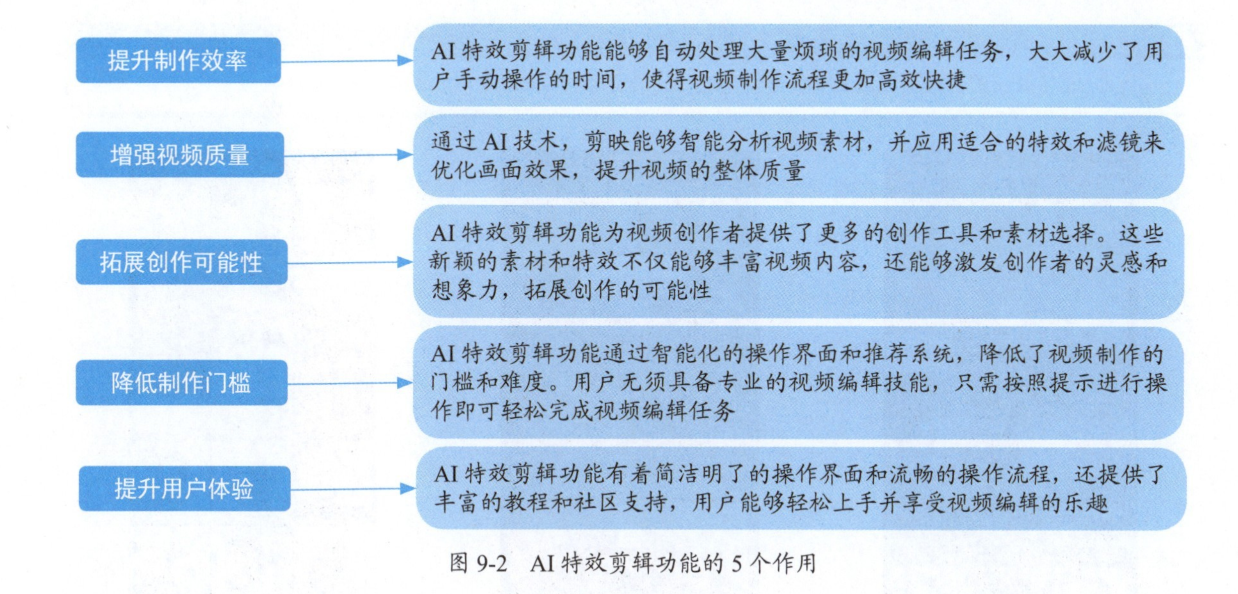

图 9-2　AI 特效剪辑功能的 5 个作用

9.2 掌握 AI 特效的描述词

在剪映中使用 AI 特效功能进行以图生图时，也需要输入描述词，才能让剪映生成用户需要的图片。本节将为读者介绍使用描述词进行 AI 创作的方法，不过需要注意，即使是相同的描述词，剪映每次生成的图片效果也不一样。

9.2.1 学会通过随机描述词进行 AI 创作

扫码看教学

【效果对比】：AI 特效功能中包含随机的描述词，生成的图片效果也是随机的，原图与效果图对比如图 9-3 所示。

图 9-3　原图与效果图对比

下面介绍在剪映手机版中通过随机描述词进行 AI 创作的操作方法。

STEP 01 打开剪映手机版，进入“剪辑”界面，点击“展开”按钮，如图 9-4 所示，展开功能面板。

STEP 02 在面板中点击“AI 特效”按钮，如图 9-5 所示。

STEP 03 进入“最近项目”界面，在其中选择一张图片，如图 9-6 所示。

专家指点

使用 AI 特效功能生成的图片比例，一般以原图的比例为依据，是不能改变的。

图 9-4　点击“展开”按钮

图 9-5　点击“AI 特效”按钮

图 9-6　选择一张图片

STEP 04 进入“AI 特效”界面，在“请输入描述词”面板中会有随机的描述词，❶点击“随机”按钮，可以更换描述词；❷设置“相似度”为 100，这样会更接近描述词；❸点击“立即生成”按钮，如图 9-7 所示，即可以图生图。

STEP 05 生成相应的图片之后，点击◧按钮，即可查看前后效果对比，如图 9-8 所示。

STEP 06 点击“保存”按钮，把图片保存至手机中，如图 9-9 所示。

图 9-7　点击“立即生成”按钮

图 9-8　点击◧按钮

图 9-9　点击“保存”按钮

9.2.2 学会通过自定义描述词进行 AI 创作

【效果对比】：除了使用系统随机生成的描述词进行 AI 创作外，用户还可以输入自定义描述词，实现独一无二、个性化的图像生成。这种定制化功能极大地丰富了创作的可能性，让每一次的 AI 绘图都能贴合用户的独特品味与想象，原图与效果图对比如图 9-10 所示。

扫码看教学

图 9-10 原图与效果图对比

下面介绍在剪映手机版中通过自定义描述词进行 AI 创作的操作方法。

STEP 01 打开剪映手机版，进入“剪辑”界面，点击“展开”按钮，展开功能面板，点击“AI 特效”按钮，如图 9-11 所示。

STEP 02 进入“最近项目”界面，在其中选择一张图片，如图 9-12 所示。

STEP 03 ❶在“请输入描述词”面板中点击空白处；❷点击☒按钮，如图 9-13 所示，清空面板。

图 9-11 点击“AI 特效”按钮

图 9-12 选择一张图片

图 9-13 点击☒按钮

STEP 04 ❶输入新的描述词；❷点击“完成”按钮，如图 9-14 所示。

STEP 05 ❶设置“相似度”为 100；❷点击“立即生成”按钮，如图 9-15 所示，即可以图生图。

STEP 06 生成相应的图片之后，点击“保存”按钮，如图 9-16 所示，即可保存图片。

图 9-14　点击“完成”按钮

图 9-15　点击“立即生成”按钮

图 9-16　点击“保存”按钮

9.3 掌握 AI 特效的模型

AI 特效功能有模型和灵感两个板块，本节将为读者介绍 AI 特效功能的模型，帮助读者掌握更多的图生图玩法。

9.3.1 学会使用 CG Ⅰ 模型进行 AI 创作

扫码看教学

CG（Computer Graphics）译为计算机图形学，在剪映中，可以把图片生成 CG Ⅰ 模型风格的图片，原图与效果图对比如图 9-17 所示。

图 9-17　原图与效果图对比

下面介绍在剪映电脑版中使用 CG Ⅰ 模型进行 AI 创作的操作方法。

STEP 01 进入剪映电脑版首页，单击“开始创作”按钮，如图 9-18 所示。

STEP 02 进入“媒体”功能区，在“本地”选项卡中单击“导入”按钮，如图 9-19 所示。

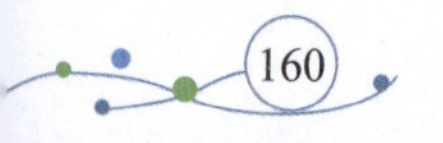

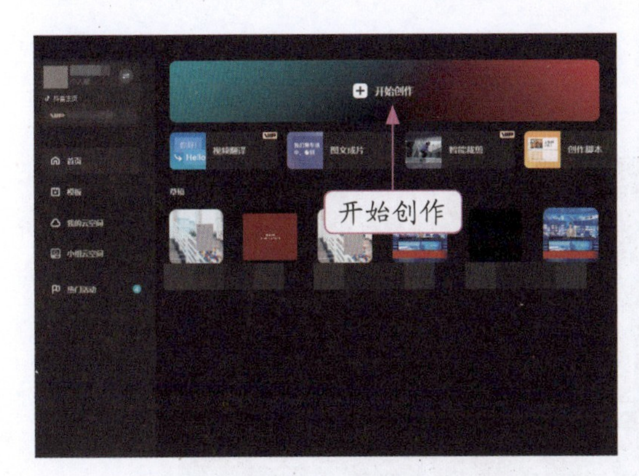

图 9-18　单击“开始创作”按钮

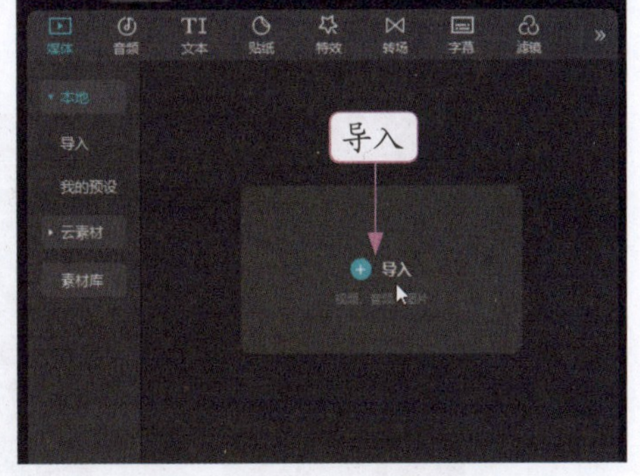

图 9-19　单击“导入”按钮

STEP 03 弹出“请选择媒体资源”对话框，❶在相应的文件夹中，选择图片素材；❷单击“打开”按钮，如图 9-20 所示，导入素材。

STEP 04 单击图片素材右下角的“添加到轨道”按钮，如图 9-21 所示，把图片素材添加到视频轨道中。

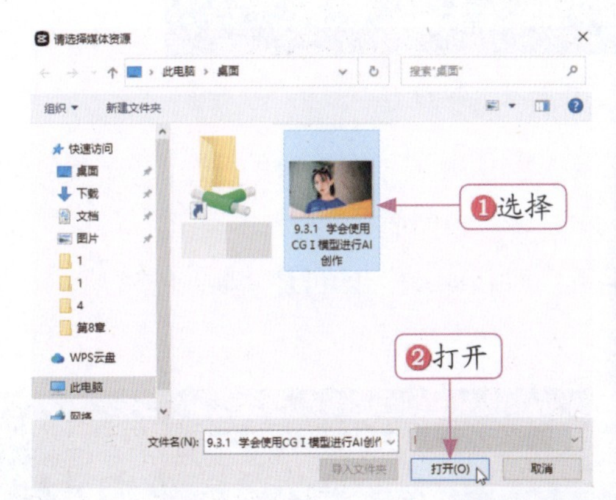

图 9-20　单击“打开”按钮

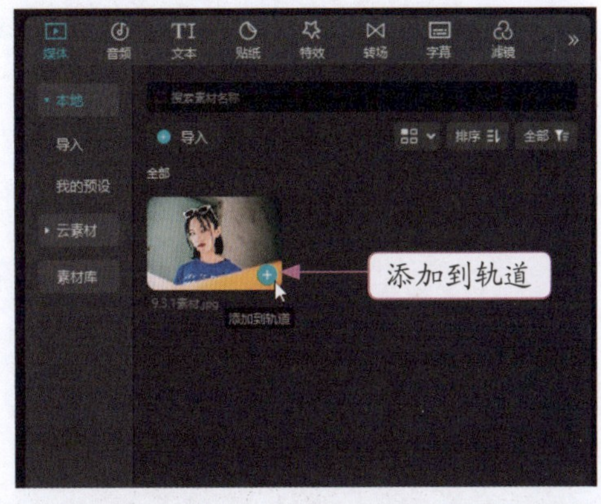

图 9-21　单击“添加到轨道”按钮（1）

STEP 05 在右上方的功能区中，❶单击“AI 效果”按钮，进入“AI 效果”操作区；❷选中“AI 特效”复选框；❸选择 CG Ⅰ 模型，默认描述词；❹单击“生成”按钮，如图 9-22 所示。

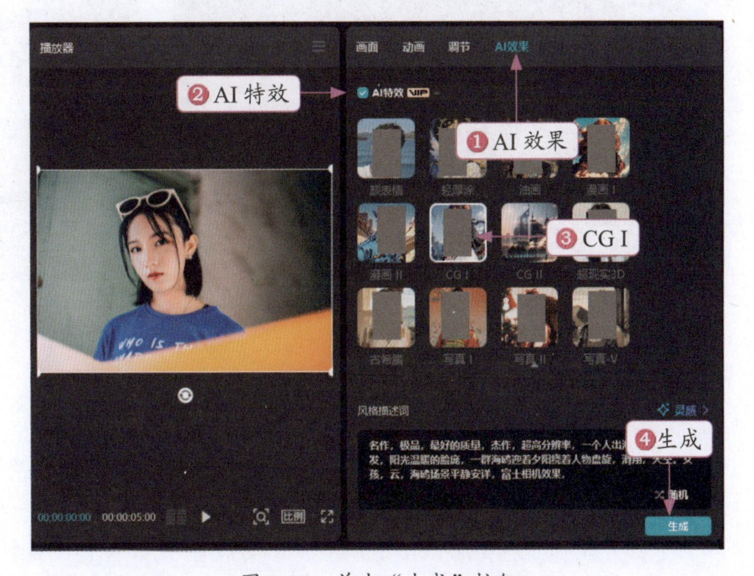

图 9-22　单击“生成”按钮

STEP 06 稍等片刻，即可生成 4 个效果，❶选择第 1 个效果；❷单击“应用效果”按钮，进行 AI 创作，如图 9-23 所示。

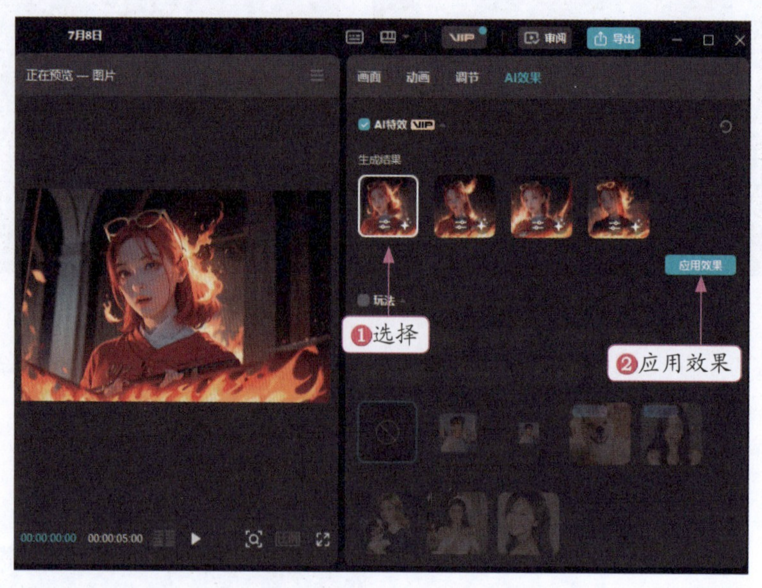

图 9-23 单击“应用效果”按钮

STEP 07 ❶单击“音频”按钮，进入“音频”功能区；❷切换至“推荐音乐”选项卡；❸单击所选音乐右下角的“添加到轨道”按钮，如图 9-24 所示，添加背景音乐。

STEP 08 ❶选择音频素材；❷在视频的末尾位置单击“向右裁剪”按钮，如图 9-25 所示，把多余的音频素材裁剪和删除掉。

图 9-24 单击“添加到轨道”按钮（2）

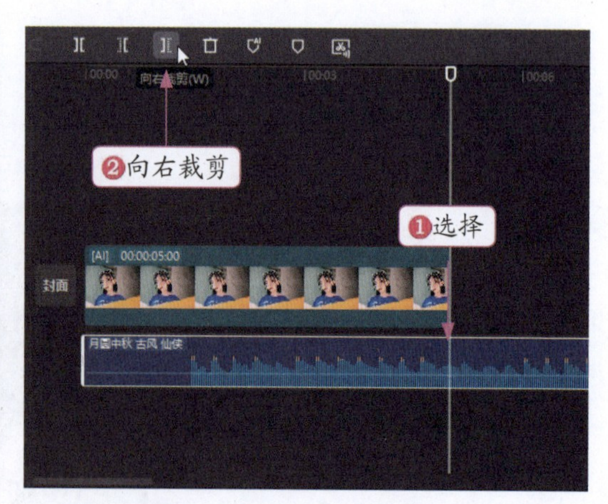

图 9-25 单击“向右裁剪”按钮

9.3.2 学会使用 CG Ⅱ 模型进行 AI 创作

【效果对比】：CG Ⅱ模型与 CG Ⅰ模型有一定的区别，生成的图片风格也不一样，CG Ⅱ模型生成的图片是偏美漫的风格，原图与效果图对比如图 9-26 所示。

扫码看教学

下面介绍在剪映电脑版中使用 CG Ⅱ模型进行 AI 创作的操作方法。

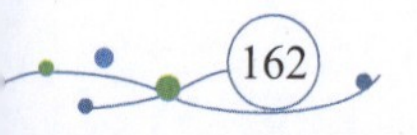

STEP 01 进入剪映电脑版首页，单击“开始创作”按钮，进入“媒体”功能区，在“本地”选项卡中导入图片素材，单击图片素材右下角的“添加到轨道”按钮，如图 9-27 所示，把图片素材添加到视频轨道中。

图 9-26　原图与效果图对比

图 9-27　单击“添加到轨道”按钮（1）

STEP 02 在右上方的功能区中，❶单击“AI 效果”按钮，进入“AI 效果”操作区；❷选中“AI 特效”复选框；❸选择 CG Ⅱ模型，默认描述词；❹单击“生成”按钮，如图 9-28 所示，稍等片刻即可生成 4 个效果。

图 9-28　单击“生成”按钮

STEP 03 在生成的 4 个效果中，❶选择第 1 个效果；❷单击“应用效果”按钮，进行 AI 创作，如图 9-29 所示。

图 9-29 单击“应用效果”按钮

STEP 04 ①单击“音频”按钮，进入“音频”功能区；②切换至“推荐音乐”选项卡；③单击所选音乐右下角的“添加到轨道”按钮，如图 9-30 所示，添加背景音乐。

STEP 05 ①选择音频素材；②在视频的末尾位置单击“向右裁剪”按钮，如图 9-31 所示，把多余的音频素材裁剪和删除掉。

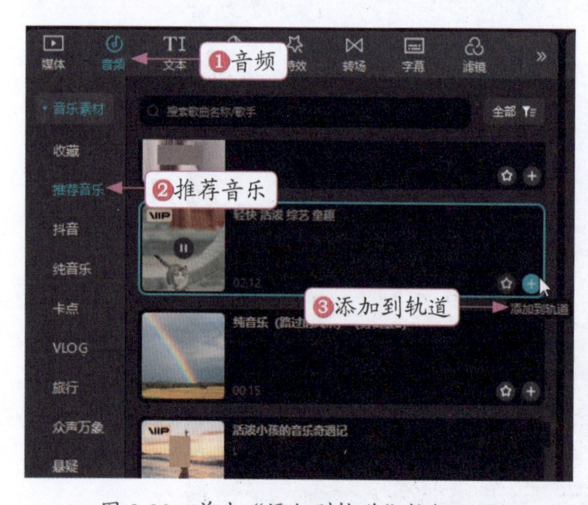

图 9-30 单击“添加到轨道”按钮（2）

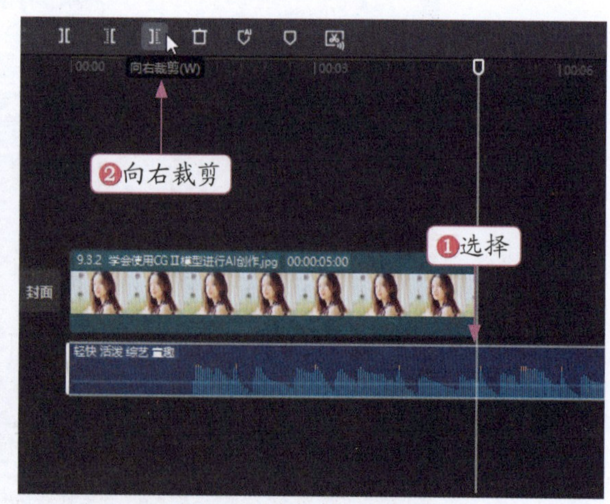

图 9-31 单击“向右裁剪”按钮

专家指点

用户在选择最终效果的时候，可以根据喜好进行选择，没有固定的要求。如果用户对生成的效果不满意，可以更换描述词重新生成。

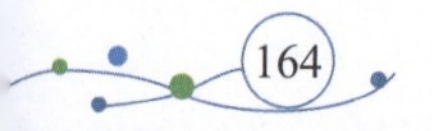

9.3.3 学会使用超现实 3D 模型进行 AI 创作

【效果对比】：超现实 3D 模型是非常具有想象力的，图片的色彩和线条都会变得非常规化，原图与效果图对比如图 9-32 所示。

下面介绍在剪映电脑版中使用超现实 3D 模型进行 AI 创作的操作方法。

STEP 01 进入剪映电脑版首页，单击“开始创作”按钮，进入“媒体”功能区，在“本地”选项卡中导入图片素材，单击图片素材右下角的“添加到轨道”按钮，如图 9-33 所示，把图片素材添加到视频轨道中。

图 9-32 原图与效果图对比

图 9-33 单击“添加到轨道”按钮（1）

STEP 02 在右上方的功能区中，❶单击“AI 效果”按钮，进入“AI 效果”操作区；❷选中“AI 特效”复选框；❸选择“超现实 3D”模型，默认描述词；❹单击“生成”按钮，如图 9-34 所示。

图 9-34 单击“生成”按钮

STEP 03 稍等片刻，即可生成 4 个效果，❶选择第 1 个效果；❷单击“应用效果”按钮，进行 AI 创作，如图 9-35 所示。

图 9-35　单击“应用效果”按钮

STEP 04 ❶单击“音频”按钮，进入“音频”功能区；❷切换至“推荐音乐”选项卡；❸单击所选音乐右下角的“添加到轨道”按钮，如图 9-36 所示，添加背景音乐。

STEP 05 ❶选择音频素材；❷在视频的末尾位置单击“向右裁剪”按钮，如图 9-37 所示，把多余的音频素材裁剪和删除掉。

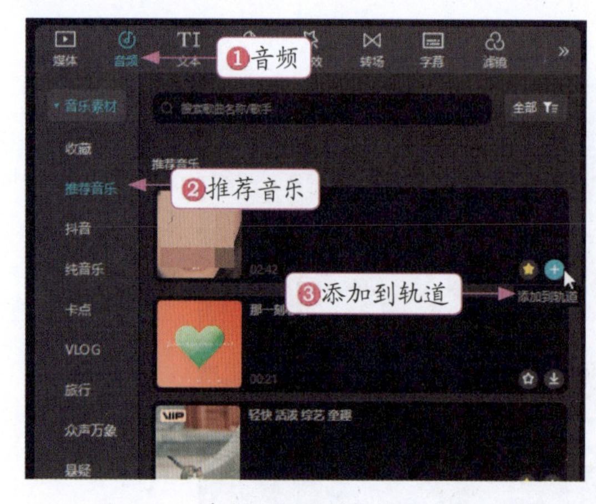

图 9-36　单击“添加到轨道”按钮（2）

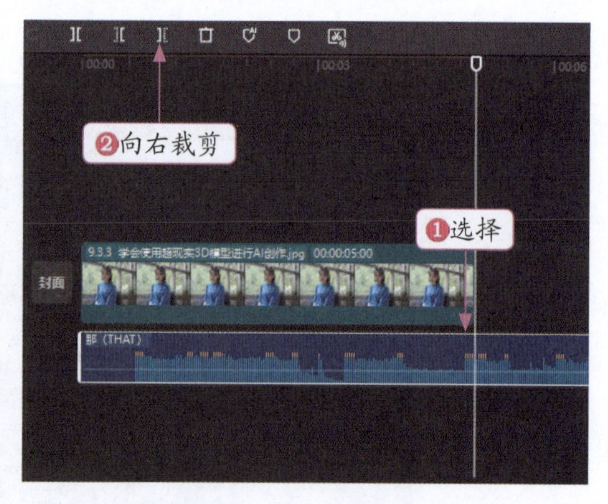

图 9-37　单击“向右裁剪”按钮

9.4 掌握 AI 特效的应用实例

在 AI 特效的“灵感”面板中，有许多的描述词可用，借助这些描述词，可以让图片瞬间变得魅力十足，且独具风格。本节将介绍相应的应用实例，帮助读者掌握图片生成技巧。

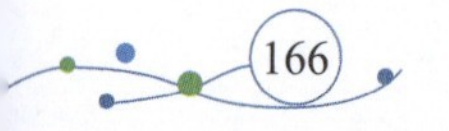

9.4.1 学会生成古风人物图像

扫码看教学

【效果对比】：古风人物有着独特的魅力，无论是汉服古风人物，还是民族风古风人物，都会传递出迷人的神秘感，原图与效果图对比如图 9-38 所示。

图 9-38 原图与效果图对比

下面介绍在剪映手机版中生成古风人物图像的操作方法。

STEP 01 在剪映手机版中导入图片，点击“特效”按钮，如图 9-39 所示。

STEP 02 在弹出的二级工具栏中点击“AI 特效”按钮，如图 9-40 所示。

STEP 03 在“灵感”选项卡中再切换到“热门”选项卡，❶选择一个合适的模板；❷点击“生成”按钮，如图 9-41 所示。

图 9-39 点击“特效”按钮

图 9-40 点击“AI 特效”按钮

图 9-41 点击“生成”按钮

STEP 04 弹出“效果预览”面板，❶选择第 4 个选项；❷点击“应用”按钮，如图 9-42 所示，生成古风少女图像。

STEP 05 在一级工具栏中，点击“音频”按钮，如图 9-43 所示。

STEP 06 在二级工具栏中，点击“音乐”按钮，如图 9-44 所示。

图 9-42 点击“应用”按钮

图 9-43 点击“音频”按钮

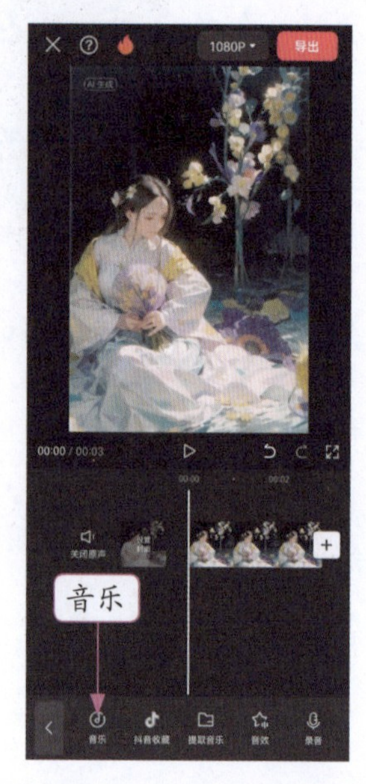

图 9-44 点击“音乐”按钮

STEP 07 进入“音乐”界面，选择“纯音乐”选项，如图 9-45 所示。

STEP 08 进入“纯音乐”界面，选择合适的音乐，点击“使用”按钮，如图 9-46 所示。

STEP 09 音频添加成功，❶选择音频；❷在视频素材的末尾位置点击“分割”按钮；❸点击“删除”按钮，如图 9-47 所示，最后点击“导出”按钮，即可导出视频。

图 9-45 选择“纯音乐”选项

图 9-46 点击“使用”按钮

图 9-47 点击“删除”按钮

9.4.2 学会生成机甲少女图像

【效果对比】：机甲不仅是科技的象征，更是人类对未知的挑战和探索，当机甲与女孩结合在一起，就会创造出无限的可能性，原图与效果图对比如图 9-48 所示。

图 9-48 原图与效果图对比

下面介绍在剪映手机版中生成机甲少女图像的操作方法。

STEP 01 在剪映手机版中导入图片，点击“特效”按钮，如图 9-49 所示。

STEP 02 在弹出的二级工具栏中点击“AI 特效”按钮，如图 9-50 所示。

STEP 03 弹出相应界面，❶切换至“自定义”选项卡；❷选择 CG Ⅰ模型；❸输入描述词；❹点击“生成”按钮，如图 9-51 所示。

图 9-49 点击“特效”按钮

图 9-50 点击“AI 特效”按钮

图 9-51 点击“生成”按钮

STEP 04 弹出“效果预览”面板，❶选择第 3 个选项；❷点击“应用”按钮，如图 9-52 所示，生成机甲少女图像。

STEP 05 在一级工具栏中，点击“音频”按钮，如图 9-53 所示。

STEP 06 在二级工具栏中，点击“音乐”按钮，如图 9-54 所示。

图 9-52 点击“应用”按钮

图 9-53 点击“音频”按钮

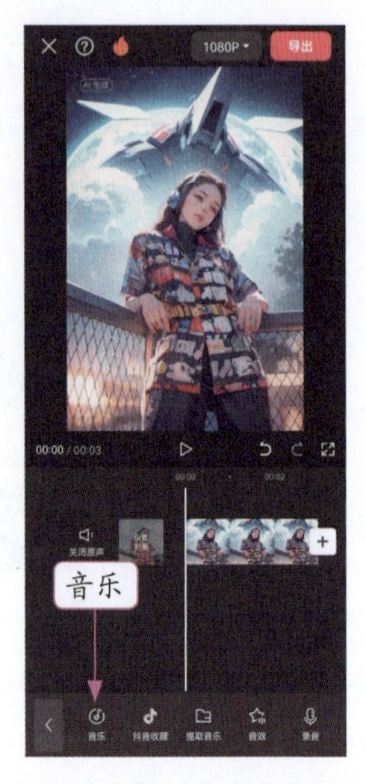

图 9-54 点击“音乐”按钮

STEP 07 进入“音乐”界面，选择“纯音乐”选项，如图 9-55 所示。

STEP 08 进入“纯音乐”界面，选择合适的音乐，然后点击“使用”按钮，如图 9-56 所示。

STEP 09 音频添加成功，❶选择音频；❷在视频素材的末尾位置点击“分割”按钮；❸点击“删除”按钮，如图 9-57 所示，最后点击“导出”按钮，即可导出视频。

图 9-55 选择“纯音乐”选项

图 9-56 点击“使用”按钮

图 9-57 点击“删除”按钮

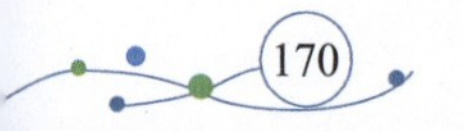

9.4.3 学会生成梦幻插画图像

【效果对比】：一张普通的照片如何变成一幅画？在剪映中使用相应的描述词，就可以“起死回生”，让其变成一幅梦幻的插画，原图与效果图对比如图 9-58 所示。

图 9-58 原图与效果图对比

下面介绍在剪映手机版中生成梦幻插画图像的操作方法。

STEP 01 在剪映手机版中导入图片，点击“特效”按钮，如图 9-59 所示。

STEP 02 在弹出的二级工具栏中点击“AI 特效”按钮，如图 9-60 所示。

STEP 03 在“灵感”选项卡中再切换到“热门”选项卡，选择一个合适的模板，点击“生成”按钮，如图 9-61 所示。

图 9-59 点击“特效”按钮

图 9-60 点击“AI 特效”按钮

图 9-61 点击“生成”按钮

STEP 04 弹出“效果预览”面板，①选择第 2 个选项；②点击“应用”按钮，如图 9-62 所示，生成梦幻插画图像。

STEP 05 在一级工具栏中，点击“音频”按钮，如图 9-63 所示。

STEP 06 在二级工具栏中，点击“音乐”按钮，如图 9-64 所示。

图 9-62 点击“应用”按钮

图 9-63 点击“音频”按钮

图 9-64 点击“音乐”按钮

STEP 07 进入“音乐”界面，选择“清新”选项，如图 9-65 所示。

STEP 08 进入“清新”界面，选择合适的音乐，然后点击“使用”按钮，如图 9-66 所示。

STEP 09 音频添加成功，❶选择音频；❷在视频素材的末尾位置点击“分割”按钮；❸点击“删除”按钮，如图 9-67 所示，最后点击“导出”按钮，即可导出视频。

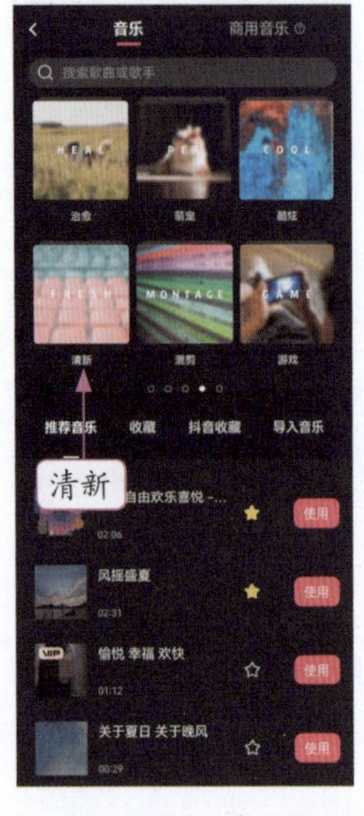

图 9-65 选择“清新”选项

图 9-66 点击“使用”按钮

图 9-67 点击“删除”按钮

9.4.4 学会生成时尚摄影图像

【效果对比】：如果摄影写真照片的效果很平庸，在剪映中使用 AI 特效功能，还可以对其进行重塑，使照片更有时尚感，原图与效果图对比如图 9-68 所示。

图 9-68 原图与效果图对比

下面介绍在剪映手机版中生成时尚摄影图像的操作方法。

STEP 01 在剪映手机版中导入图片，点击“特效”按钮，如图 9-69 所示。

STEP 02 在弹出的二级工具栏中点击“AI 特效”按钮，如图 9-70 所示。

STEP 03 在“灵感”选项卡中再切换到“热门”选项卡，❶选择一个合适的模板；❷点击“生成”按钮，如图 9-71 所示。

图 9-69 点击“特效”按钮

图 9-70 点击“AI 特效”按钮

图 9-71 点击“生成”按钮

STEP 04 弹出“效果预览”面板，❶选择第 3 个选项；❷点击“应用”按钮，如图 9-72 所示，生成时尚摄影图像。

STEP 05 在一级工具栏中，点击“音频”按钮，如图 9-73 所示。

STEP 06 在二级工具栏中，点击“音乐”按钮，如图 9-74 所示。

图 9-72 点击“应用”按钮

图 9-73 点击“音频”按钮

图 9-74 点击“音乐”按钮

STEP 07 进入“音乐”界面，选择“纯音乐”选项，如图 9-75 所示。

STEP 08 进入“纯音乐”界面，选择合适的音乐，然后点击“使用”按钮，如图 9-76 所示。

STEP 09 音频添加成功，❶选择音频；❷在视频素材的末尾位置点击“分割”按钮；❸点击“删除”按钮，如图 9-77 所示，最后点击“导出”按钮，即可导出视频。

图 9-75 选择“纯音乐”选项

图 9-76 点击“使用”按钮

图 9-77 点击“删除”按钮

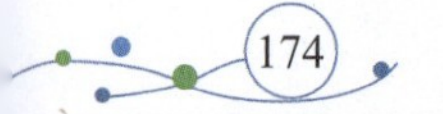

9.5 掌握使用 AI 制作静态效果的技巧

在剪映中使用 AI 制作图片静态效果时，需要先导入素材，再选择相应的图片玩法，本节将为读者介绍使用 AI 制作静态效果的方法。

9.5.1 学会生成 AI 写真照片

【效果对比】：在“AI 写真”选项卡中，有哥特风、暗黑风和古风等类型的写真照片风格，用户可以根据图片风格进行选择，生成相应的照片，原图与效果图对比如图 9-78 所示。

扫码看教学

图 9-78　原图与效果图对比

下面介绍在剪映手机版中生成 AI 写真照片的操作方法。

STEP 01 在剪映手机版中导入图片素材，点击“特效”按钮，如图 9-79 所示。

STEP 02 在弹出的二级工具栏中点击“图片玩法”按钮，如图 9-80 所示。

STEP 03 弹出“图片玩法”面板，❶切换至“AI 写真”选项卡；❷选择“哥特少女”选项，如图 9-81 所示，稍等片刻，即可生成 AI 写真图片效果。

图 9-79　点击“特效”按钮

图 9-80　点击“图片玩法”按钮

图 9-81　选择“哥特少女”选项

STEP 04 依次点击“音频”按钮和“音乐”按钮，如图 9-82 所示。

STEP 05 进入“音乐”界面，在“推荐音乐”选项卡中选择合适的音乐，然后点击“使用”按钮，如图 9-83 所示。

STEP 06 音频添加成功，❶选择音频；❷在视频素材的末尾位置点击“分割”按钮；❸点击“删除”按钮，如图 9-84 所示，最后点击“导出”按钮，即可导出视频。

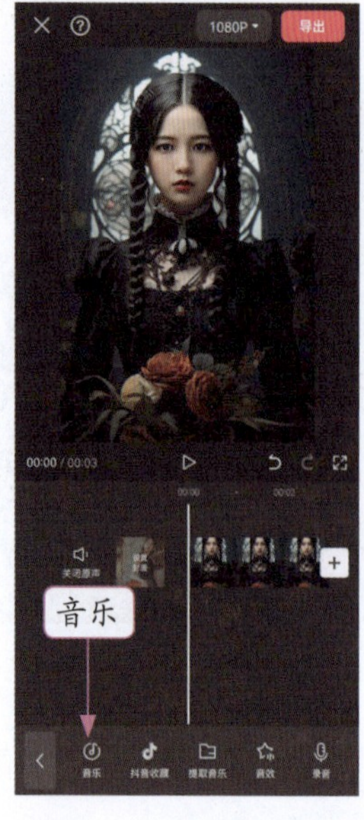

图 9-82　点击“音乐”按钮

图 9-83　点击“使用”按钮

图 9-84　点击“删除”按钮

9.5.2　学会使用 AI 改变人物表情

【效果对比】：在剪映中使用 AI 图片玩法功能，可以让面无表情的人物具有微笑或者难过的表情，原图与效果图对比如图 9-85 所示。

扫码看教学

图 9-85　原图与效果图对比

下面介绍在剪映手机版中使用 AI 改变人物表情的操作方法。

STEP 01 在剪映手机版中导入图片素材，点击“特效”按钮，如图 9-86 所示。

STEP 02 在弹出的二级工具栏中点击“图片玩法”按钮，如图 9-87 所示。

STEP 03 弹出“图片玩法”面板，❶切换至“表情”选项卡；❷选择“微笑”选项，如图 9-88 所示，稍等片刻，即可改变人物的表情。

图 9-86 点击“特效”按钮

图 9-87 点击“图片玩法”按钮

图 9-88 选择“微笑”选项

STEP 04 依次点击“音频”按钮和“音乐”按钮，进入“音乐”界面，选择“纯音乐”选项，如图 9-89 所示。

STEP 05 进入“纯音乐”界面，选择合适的音乐，点击“使用”按钮，如图 9-90 所示。

STEP 06 音频添加成功，❶选择音频；❷在视频素材的末尾位置点击“分割”按钮；❸点击“删除”按钮，如图 9-91 所示，最后点击“导出”按钮，即可导出视频。

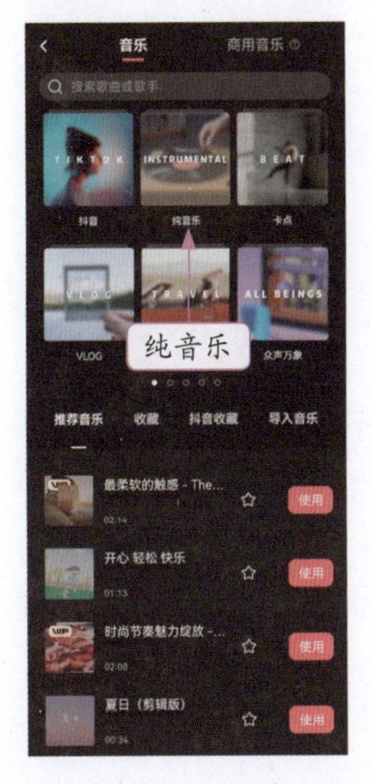

图 9-89 选择“纯音乐”选项

图 9-90 点击“使用”按钮

图 9-91 点击“删除”按钮

9.5.3 学会使用 AI 实现魔法换天

【效果对比】：使用 AI 魔法换天功能，可以把图片中的天空换成有大月亮的天空，云朵和天空的颜色也会改变，原图与效果图对比如图 9-92 所示。

图 9-92　原图与效果图对比

下面介绍在剪映手机版中使用 AI 实现魔法换天的操作方法。

STEP 01 在剪映手机版中导入图片素材，点击“特效”按钮，如图 9-93 所示。

STEP 02 在弹出的二级工具栏中点击“图片玩法”按钮，如图 9-94 所示。

STEP 03 弹出“图片玩法”面板，❶切换至“场景变换”选项卡；❷选择“魔法换天Ⅱ”选项，稍等片刻，即可改变图片中的天空，如图 9-95 所示。

图 9-93　点击“特效”按钮

图 9-94　点击“图片玩法”按钮

图 9-95　选择“魔法换天Ⅱ”选项

STEP 04 依次点击“音频”按钮和“音乐”按钮，进入“音乐”界面，选择“抖音”选项，如图 9-96 所示。

STEP 05 进入“抖音”界面，选择合适的音乐，点击“使用”按钮，如图 9-97 所示。

STEP 06 音频添加成功，❶选择音频；❷在视频素材的末尾位置点击“分割”按钮；❸点击“删除”按钮，如图 9-98 所示，最后点击“导出”按钮，即可导出视频。

图 9-96　选择“抖音”选项

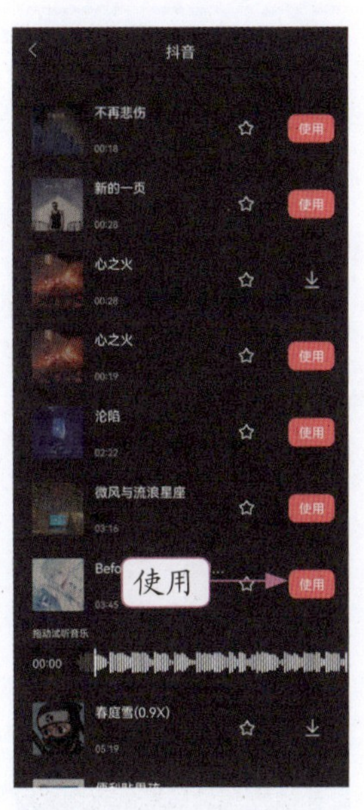

图 9-97　点击“使用”按钮

图 9-98　点击“删除”按钮

9.5.4　学会使用 AI 换脸回到童年模样

扫码看教学

【效果对比】：剪映中的 AI 换脸功能，可以为人物换脸，比如把成人的脸变换成小孩的脸，原图与效果图对比如图 9-99 所示。

图 9-99　原图与效果图对比

下面介绍在剪映手机版中使用 AI 换脸回到童年模样的操作方法。

STEP 01 在剪映手机版中导入图片素材，点击“特效”按钮，如图 9-100 所示。

STEP 02 在弹出的二级工具栏中点击“图片玩法”按钮，如图 9-101 所示。

STEP 03 弹出“图片玩法”面板，❶切换至“变脸”选项卡；❷选择“变宝宝”选项，稍等片刻，即可把成人的脸变成小孩的脸，如图 9-102 所示。

专家指点

用户在使用AI换脸时，选用的最好是正面且清晰度高的照片，否则会影响效果的清晰度。

图9-100 点击“特效”按钮

图9-101 点击“图片玩法”按钮

图9-102 选择“变宝宝”选项

STEP 04 依次点击“音频”按钮和“音乐”按钮，进入“音乐”界面，选择“清新”选项，如图9-103所示。

STEP 05 进入“清新”界面，选择合适的音乐，然后点击“使用”按钮，如图9-104所示。

STEP 06 音频添加成功，❶选择音频；❷在视频素材的末尾位置点击“分割”按钮；❸点击“删除”按钮，如图9-105所示，最后点击“导出”按钮，即可导出视频。

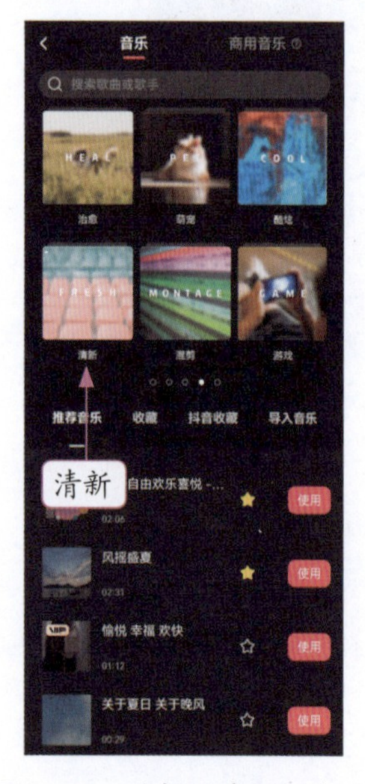

图9-103 选择“清新”选项

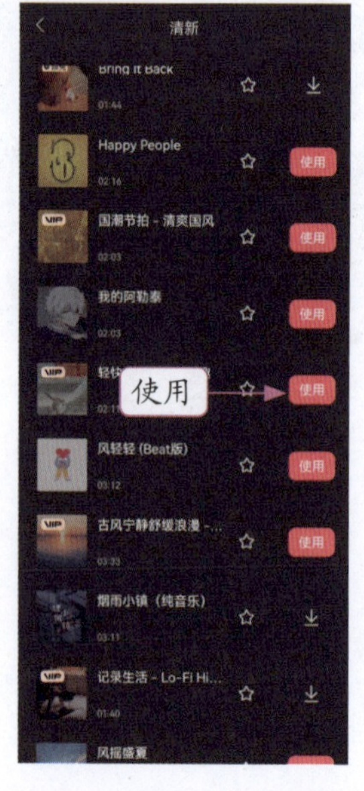

图9-104 点击“使用”按钮

图9-105 点击“删除”按钮

9.6 掌握使用 AI 制作动态效果的技巧

在剪映中，除了使用 AI 图片玩法和抖音玩法功能制作图片的静态效果，还可以制作动态效果，让图片变成会动的视频。本节将为读者介绍相应的操作方法。

9.6.1 学会制作摇摆运镜动态效果

【效果展示】：摇摆运镜效果可以让图片中的人物进行晃动，这种效果在搞笑视频中是比较常见的，效果如图 9-106 所示。

扫码看教学

图 9-106 效果展示

下面介绍在剪映手机版中制作摇摆运镜动态效果的操作方法。

STEP 01 打开剪映手机版导入图片素材，依次点击“特效”按钮和“图片玩法”按钮，如图 9-107 所示。

STEP 02 弹出“图片玩法”面板，❶切换至“运镜”选项卡；❷选择“摇摆运镜”选项，稍等片刻，即可生成相应的视频效果，如图 9-108 所示。

STEP 03 依次点击“音频”按钮和“音乐”按钮，如图 9-109 所示。

图 9-107 点击“图片玩法”按钮

图 9-108 选择“摇摆运镜”选项

图 9-109 点击“音乐”按钮

STEP 04 进入“音乐”界面，选择“动感”选项，如图 9-110 所示。

STEP 05 进入“动感”界面，选择合适的音乐，然后点击“使用”按钮，如图 9-111 所示。

STEP 06 音频添加成功，❶选择音频；❷在视频素材的末尾位置点击“分割”按钮；❸点击“删除”按钮，如图 9-112 所示，最后点击“导出”按钮，即可导出视频。

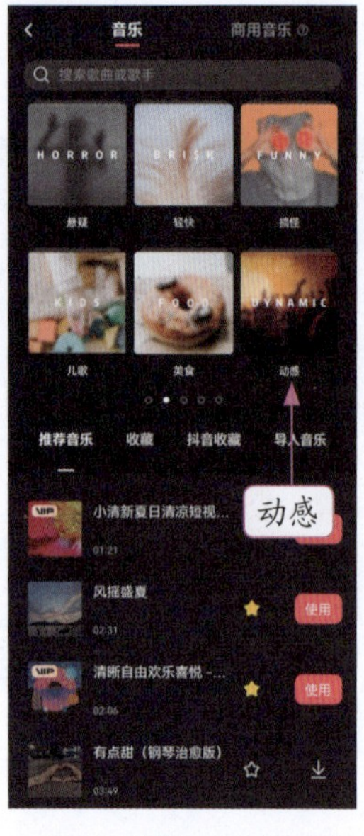

图 9-110　选择“动感”选项

图 9-111　点击“使用”按钮

图 9-112　点击“删除”按钮

9.6.2　学会制作 3D 运镜动态效果

【效果展示】：3D 运镜功能可把人物抠出来进行放大或者缩小运动，这种效果具有立体感和现场感，效果如图 9-113 所示。

扫码看教学

图 9-113　效果展示

下面介绍在剪映手机版中制作 3D 运镜动态效果的操作方法。

STEP 01 打开剪映手机版并导入图片素材，依次点击“特效”按钮和“图片玩法”按钮，如图 9-114 所示。

STEP 02 弹出“图片玩法”面板，❶切换至“运镜”选项卡；❷选择“3D 运镜”选项，稍等片刻，即可生成相应的视频效果，如图 9-115 所示。

STEP 03 依次点击“音频”按钮和“音乐”按钮，如图 9-116 所示。

图 9-114　点击“图片玩法”按钮

图 9-115　选择“3D 运镜”选项

图 9-116　点击“音乐”按钮

STEP 04 进入“音乐”界面，选择“动感”选项，如图 9-117 所示。

STEP 05 进入“动感”界面，选择合适的音乐，然后点击“使用”按钮，如图 9-118 所示。

STEP 06 音频添加成功，❶选择音频；❷在视频素材的末尾位置点击“分割”按钮；❸点击“删除”按钮，如图 9-119 所示，最后点击“导出”按钮，即可导出视频。

图 9-117　选择“动感”选项

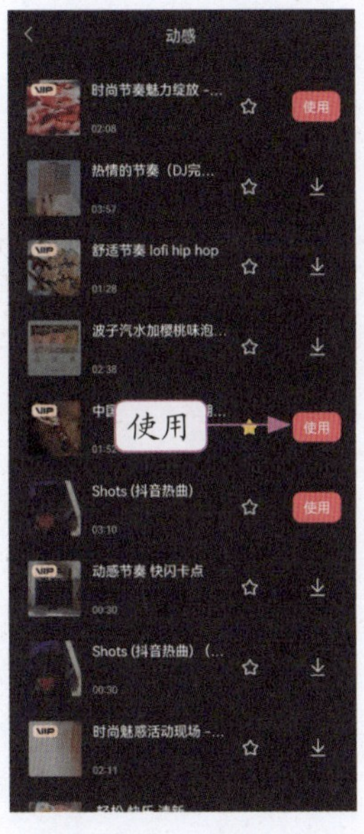

图 9-118　点击“使用”按钮

图 9-119　点击“删除”按钮

第10章

AI抠像剪辑功能，抠除画面制作封面

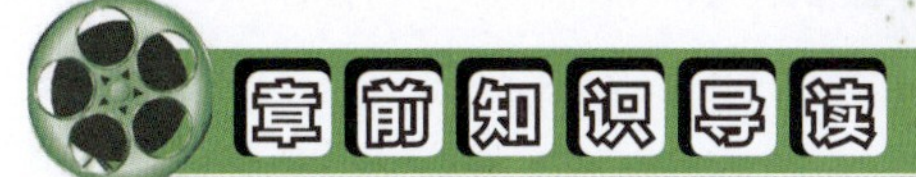

智能抠像、色度抠图以及AI商品图制作是剪映中的亮点功能，熟练掌握这些视频后期处理方法和商品图制作的技巧，才能做出极具个性化的视觉作品。本章主要讲解基本抠图技巧与制作AI商品图的相关知识，帮助读者制作出更多精彩的图片和视频效果。

新手重点索引

- 什么是AI抠像剪辑功能
- 掌握使用AI抠像功能制作视频的技巧
- 掌握AI商品图封面的制作技巧

效果图片欣赏

10.1 什么是 AI 抠像剪辑功能

AI 抠像剪辑功能是指利用人工智能技术自动从视频或图像中分离出前景对象（通常是人物或其他主体）并移除背景的过程。这项技术基于深度学习算法，可以智能地识别和跟踪视频中的目标，从而实现精准的抠像效果。

本节主要介绍剪映中 AI 抠像剪辑的功能及其作用。

10.1.1 剪映中的 AI 抠像剪辑功能是什么

剪映中的 AI 抠像剪辑功能是一种基于人工智能技术的视频编辑工具，它能够自动识别并分离出视频中的特定对象（如人物、动物或物体），从而允许用户将这些对象放置到不同的背景中，实现更丰富的视觉效果和创意表达。

下面介绍剪映中的 AI 抠像剪辑功能的 4 个优点，如图 10-1 所示。

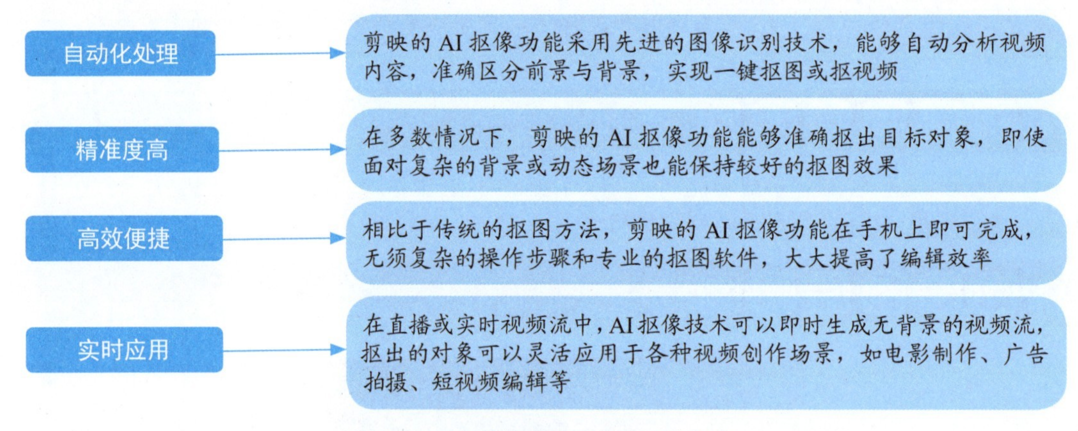

图 10-1 AI 抠像剪辑功能的 4 个优点

10.1.2 剪映中的 AI 抠像剪辑功能有什么作用

剪映 AI 抠像剪辑功能在视频和图像编辑领域发挥着重要作用，尤其是在影视后期制作、短视频创作、直播特效和虚拟现实 (VR) 等领域有着广泛的应用。它主要利用人工智能技术自动识别并分离出图像或视频中的主体部分，从而极大地提高了编辑效率和效果、降低了成本、推动了技术创新，并为多个领域的发展提供了有力支持。

下面介绍剪映中的 AI 抠像剪辑功能的 5 个作用，如图 10-2 所示。

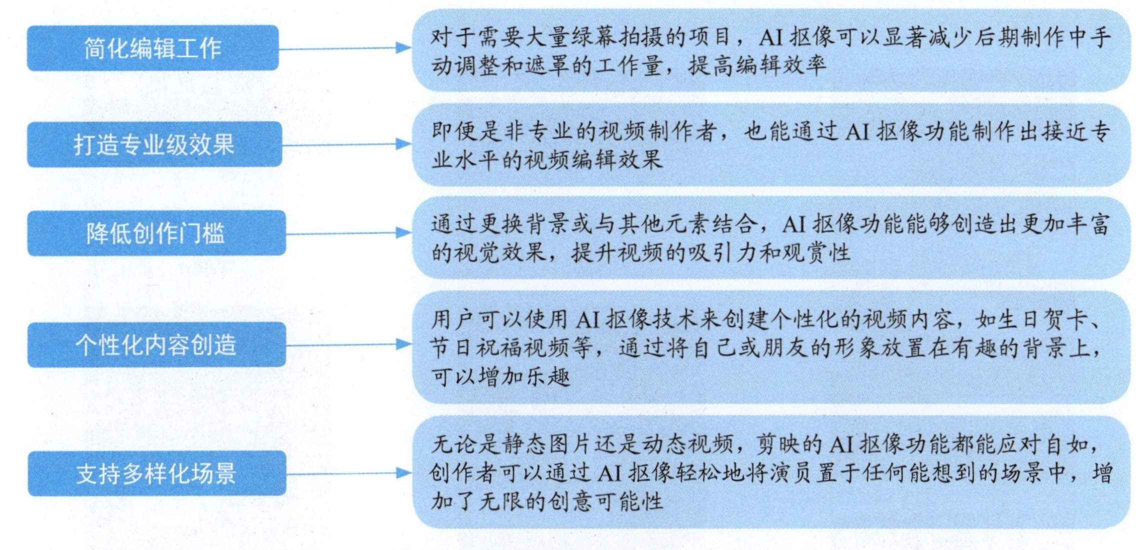

图 10-2　AI 抠像剪辑功能的 5 个作用

10.2 掌握使用 AI 抠像剪辑功能制作视频的技巧

剪映中的智能抠像和色度抠图可以帮助用户轻松抠出视频中的人物等元素，并利用抠出来的人像制作出不同的视频效果。本节主要通过案例的方式来介绍智能抠像与色度抠图的技巧。

10.2.1 学会使用智能抠像制作绿幕素材

【效果展示】：使用智能抠像技术，不仅能够精准地将人物从原视频中抠取出来，实现无缝边缘融合，还能即时更换视频背景，轻松打造出高质量的绿幕素材。这一功能极大地提升了视频制作的灵活性，让创作者能够轻松应对各种场景需求，效果展示如图 10-3 所示。

图 10-3　效果展示

❶ 在剪映手机版中制作视频

下面介绍在剪映手机版中使用智能抠像功能制作绿幕素材的操作方法。

扫码看教学

STEP 01 打开剪映手机版，❶依次选择人物视频和绿幕素材；❷选中“高清”复选框；❸点击“添加”按钮，如图 10-4 所示，添加两段素材。

STEP 02 为了切换轨道，❶选择人物视频；❷点击“切画中画”按钮，如图 10-5 所示。

STEP 03 把人物视频切换至画中画轨道中，点击“抠像”按钮，如图 10-6 所示。

图 10-4 点击“添加”按钮

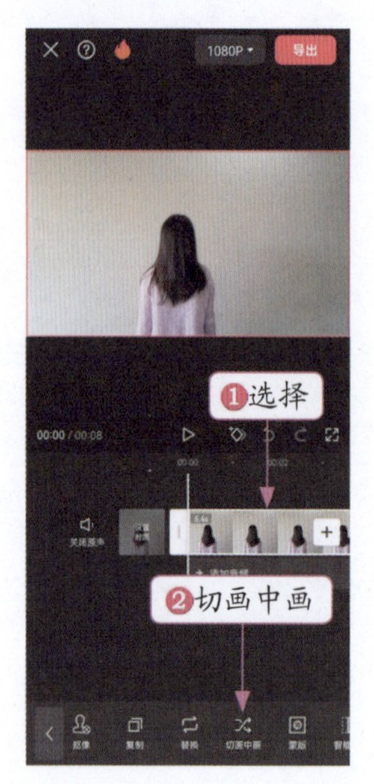

图 10-5 点击“切画中画”按钮

图 10-6 点击“抠像”按钮

专家指点

用户在使用抠像功能时，导入的两段素材可以是图片和视频的任意组合，用户不仅可以一键智能抠像，还能自定义抠像，根据个人需求选择不同的抠像方式。

STEP 04 在弹出的工具栏中点击“智能抠像”按钮，如图 10-7 所示。

STEP 05 稍等片刻，人物抠像成功，点击✓按钮，如图 10-8 所示。

STEP 06 选择绿幕素材，调整素材的时长，使其与人物视频的时长对齐，如图 10-9 所示。

图 10-7 点击“智能抠像”按钮

图 10-8 点击✓按钮

图 10-9 调整绿幕素材的时长

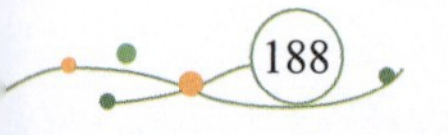

❷ 在剪映电脑版中制作视频

下面介绍在剪映电脑版中使用智能抠像功能制作绿幕素材的操作方法。

STEP 01 进入剪映电脑版首页，单击“开始创作”按钮，进入“媒体”功能区，在“本地”选项卡中导入人物视频和背景素材，单击背景素材右下角的“添加到轨道”按钮，如图 10-10 所示，把背景素材添加到视频轨道中。

STEP 02 把人物视频拖曳至画中画轨道中，如图 10-11 所示。

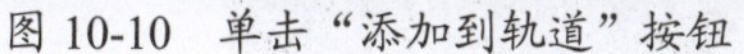
图 10-10 单击“添加到轨道”按钮

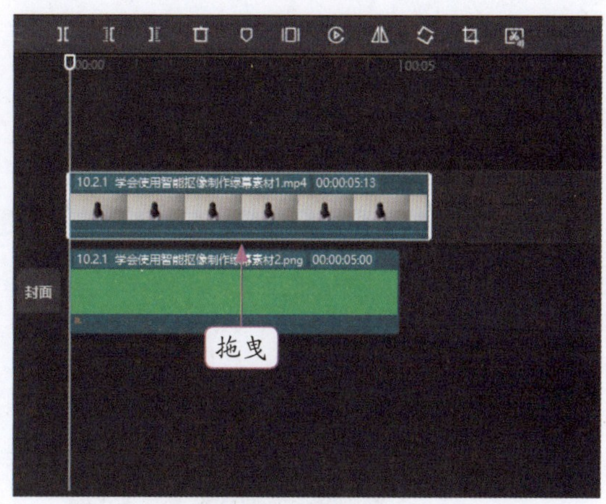

图 10-11 把人物视频拖曳至画中画轨道中

STEP 03 在“画面”功能区中，❶切换至“抠像”选项卡；❷选中“智能抠像”复选框，如图 10-12 所示，稍等片刻，即可把人物抠出来，更换背景。

STEP 04 调整绿幕素材的时长，使其与人物视频的时长对齐，如图 10-13 所示。

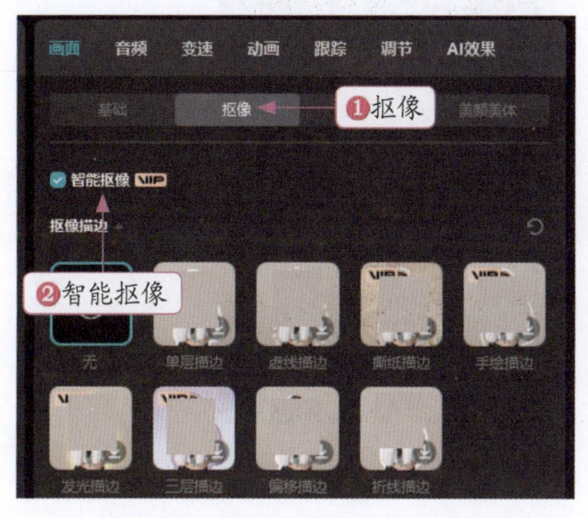

图 10-12 选中“智能抠像”复选框

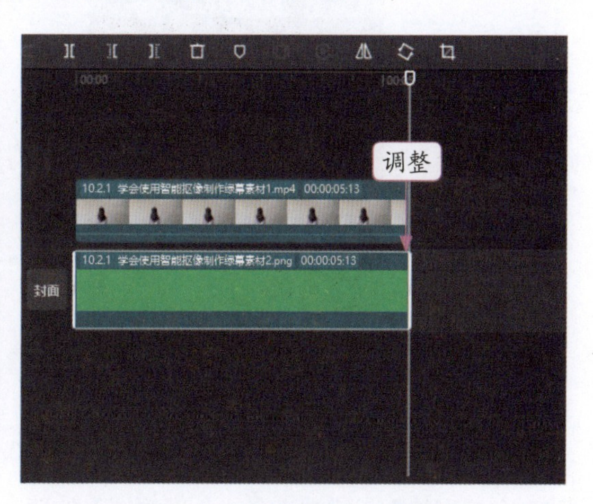

图 10-13 调整绿幕素材的时长

10.2.2 学会使用色度抠图更换人物背景

【效果展示】：在剪映中运用“色度抠图”功能可以抠出不需要的色彩，从而留下想要的视频画面，效果如图 10-14 所示。

图 10-14 效果展示

❶ 在剪映手机版中制作视频

下面介绍在剪映手机版中使用色度抠图功能更换人物背景的操作方法。

STEP 01 打开剪映手机版，依次选择人物视频和背景视频，添加两段视频素材，❶选择人物视频；❷点击“切画中画”按钮，如图 10-15 所示。

STEP 02 把人物视频切换至画中画轨道中，点击“抠像”按钮，如图 10-16 所示。

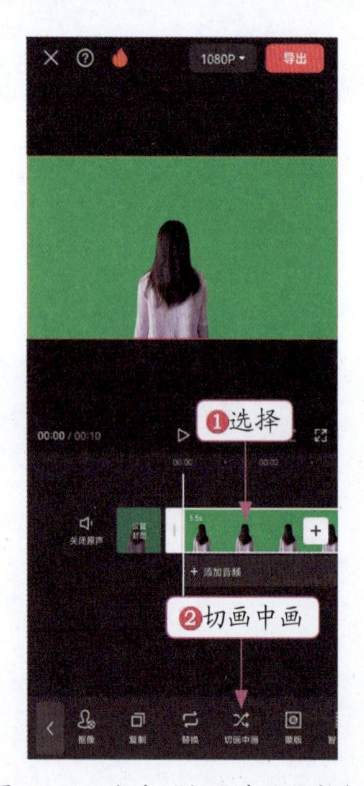

图 10-15 点击“切画中画”按钮

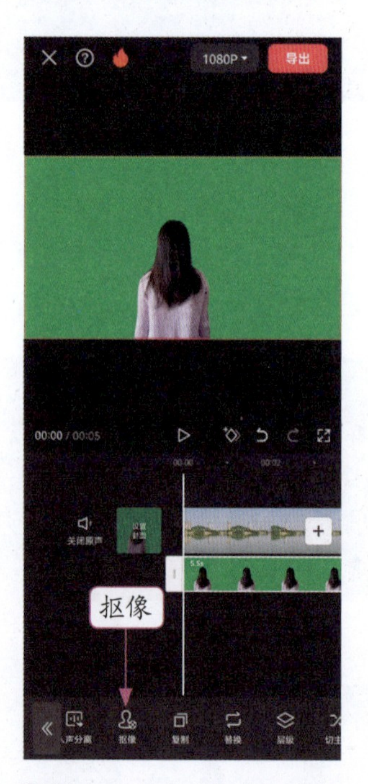

图 10-16 点击“抠像”按钮

STEP 03 在弹出的工具栏中点击“色度抠图”按钮，如图 10-17 所示。

STEP 04 弹出相应界面，❶拖曳取色器圆环，取样绿色；❷设置“强度”为 85，增强抠像力度；❸点击✓按钮，如图 10-18 所示。

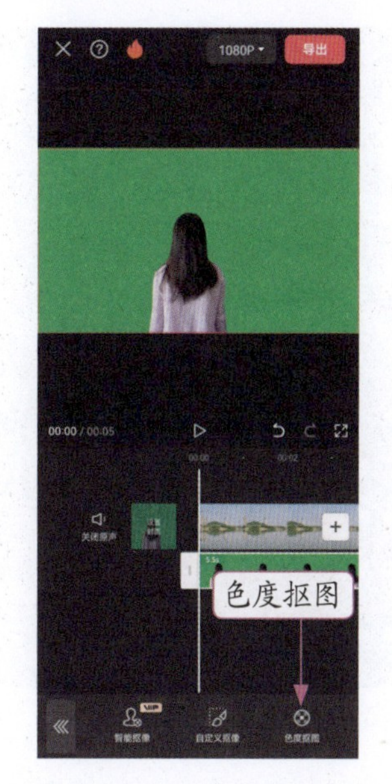

图 10-17 点击“色度抠图”按钮

图 10-18 点击✓按钮

❷ 在剪映电脑版中制作视频

下面介绍在剪映电脑版中使用色度抠图功能更换人物背景的操作方法。

扫码看教学

STEP 01 进入剪映电脑版首页，单击“开始创作”按钮，进入“媒体”功能区，在“本地”选项卡中导入背景视频和人物视频，单击背景视频右下角的“添加到轨道”按钮+，如图 10-19 所示，把背景视频添加到视频轨道中。

STEP 02 把人物视频拖曳至画中画轨道中，如图 10-20 所示。

图 10-19 单击“添加到轨道”按钮

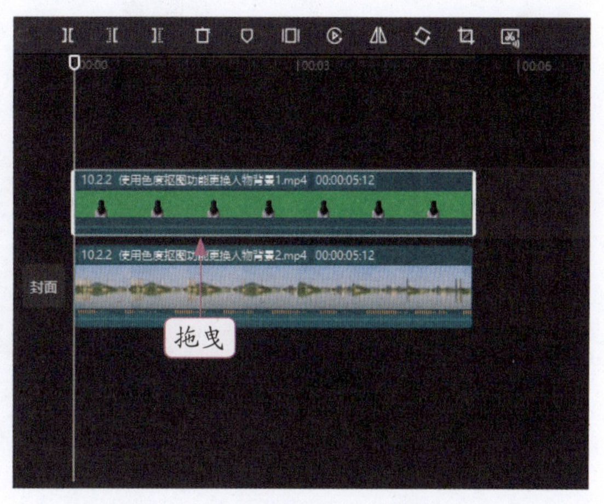

图 10-20 把人物视频拖曳至画中画轨道中

STEP 03 在“画面”功能区中，❶切换至“抠像”选项卡；❷选中“色度抠图”复选框；❸拖曳取色器圆环，取样绿色；❹设置“强度”为 85，增强抠像力度，如图 10-21 所示。

图 10-21　设置“强度”参数为 85

10.3 掌握 AI 商品图封面的制作技巧

在制作商品宣传视频的时候，有特色的商品图封面可以为视频和商品带来更多的曝光和关注度。本节将为读者介绍如何在剪映中通过 AI 生成商品图封面。

【效果对比】AI 商品图功能目前仅支持剪映手机版。在制作过程中，用户只需要选择心仪的样式，并调整商品的大小和添加文字即可，原图与效果图对比如图 10-22 所示。

图 10-22　原图与效果图对比

10.3.1 学会添加原始商品图素材

在制作 AI 商品图的时候，用户最好选择背景简洁的商品图片，这样抠取画面的边缘会更清晰些。添加原始商品图素材的操作方法如下。

扫码看教学

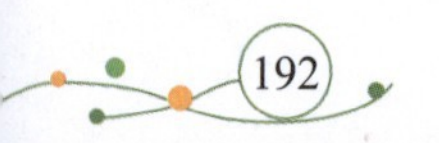

STEP 01 进入剪映手机版的“剪辑”界面，点击“展开”按钮，展开功能面板，在其中点击“AI 商品图”按钮，如图 10-23 所示。

STEP 02 进入“照片视频”界面，❶选择一张原始商品素材；❷点击“编辑”按钮，如图 10-24 所示。

STEP 03 稍等片刻，即可自动完成智能抠图，进入“AI 商品图”界面，如图 10-25 所示，在其中可以选择商品图的样式。

图 10-23 点击“AI 商品图”按钮

图 10-24 点击“编辑”按钮

图 10-25 “AI 商品图”界面

专家指点

用户在使用 AI 生成商品图时，尽量选择清晰度高的商品照片，并且确保所使用的图片素材不侵犯他人版权。

10.3.2 学会选择商品图样式

剪映中的 AI 商品图样式类型非常丰富，用户可以根据商品类型，选择商品图的样式。下面制作的是香水商品图，选择了专业棚拍背景的样式。选择商品图样式的操作方法如下。

扫码看教学

STEP 01 在“AI 商品图”界面中有多种背景样式选项卡，❶切换至“专业棚拍”选项卡；❷选择“奢华金光”背景，即可生成相应的背景，如图 10-26 所示。

STEP 02 点击商品，进入“商品调整”界面，❶双指缩小产品，长按拖动至画面的右侧，调整产品的大小和位置；❷点击☑按钮，如图 10-27 所示。

STEP 03 稍等片刻，将会生成新的商品图背景，如图 10-28 所示。

图 10-26　生成相应的背景

图 10-27　点击✓按钮

图 10-28　生成新的商品图背景

10.3.3　学会设置尺寸和添加宣传文案

如果图片是作为横版视频的封面，那么就可以更改图片的尺寸。为了宣传产品，还需要在图片上添加产品的文案。设置尺寸和添加宣传文案的操作方法如下。

扫码看教学

STEP 01 点击“去编辑”按钮，进入相应的界面，为了改变图片的尺寸，点击“尺寸”按钮，如图 10-29 所示。

STEP 02 弹出相应的面板，❶选中“竖版海报（3:4）”单选按钮；❷点击“创建”按钮，如图 10-30 所示，更改尺寸。

图 10-29　点击“尺寸”按钮

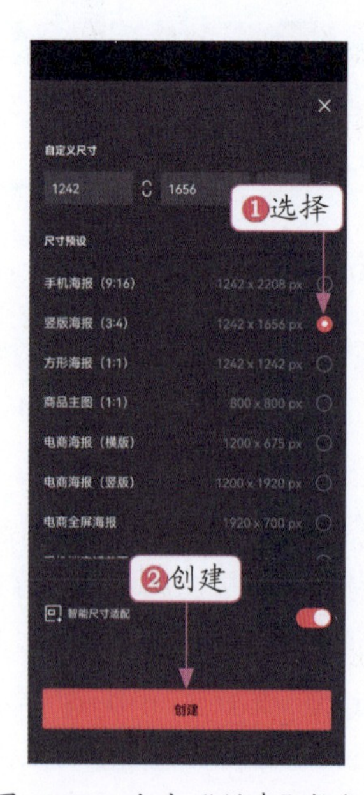

图 10-30　点击“创建”按钮

STEP 03 为了添加产品文案，点击“文字”按钮，如图 10-31 所示。

STEP 04 输入产品文案，如图 10-32 所示。

图 10-31　点击“文字”按钮

图 10-32　输入产品文案

STEP 05 为了更改字体，❶切换至“字体”选项卡；❷选择合适的字体，如图 10-33 所示。

STEP 06 ❶切换至“排列”选项卡；❷设置“大小”为 26、“字间距”为 6、“行间距”为 8；❸选择竖版排列；❹调整文字的位置；❺点击✓按钮，如图 10-34 所示。

STEP 07 点击“导出”按钮，如图 10-35 所示，导出商品图。

图 10-33　选择合适的字体

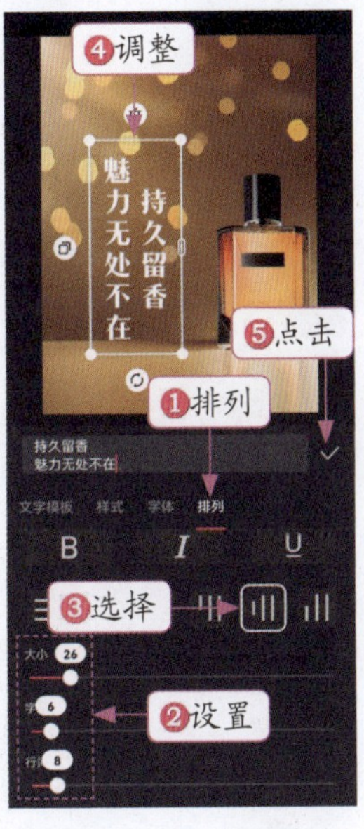

图 10-34　点击✓按钮

图 10-35　点击“导出”按钮

第11章

AI配音功能，改变音色为短视频配音

章前知识导读

一段成功的短视频离不开音频的配合，音频可以增加现场的真实感，塑造人物形象和渲染场景氛围。在剪映中，除了可以添加各种音效声音，还可以使用文字制作声音，打造不同类型的配音音效，以及对音频进行AI处理，让音频有更多的玩法。本章将向读者详细介绍AI配音功能的使用方法。

新手重点索引

- 什么是AI配音功能
- 掌握使用AI给文字配音的技巧
- 掌握使用AI进行音频处理的技巧
- 掌握AI编辑人声功能

效果图片欣赏

11.1 什么是 AI 配音功能

AI 配音功能是一种利用人工智能技术将文本自动转换为语音的技术应用。具体来说，AI 配音功能通过复杂的算法和模型，将用户输入的文本内容转化为自然流畅的语音输出。这些语音输出不仅具有高度的可懂性和自然度，还能根据文本的情感和语境进行适当的语调、语速和音量调整，以达到更好的表达效果。

本节主要介绍剪映中的 AI 配音功能及其作用。

11.1.1 剪映中的 AI 配音功能是什么

剪映中的 AI 配音功能是一种智能语音合成技术，它能够将用户输入的文本内容自动转换为语音，并用于视频制作过程中的配音。用户只需要将配音的文本添加到视频中，然后选择相应的配音角色（包括男女不同的音色、语速以及语调等选项），剪映就能自动生成对应的语音配音。

下面介绍剪映中的 AI 配音功能的 5 个特点，如图 11-1 所示。

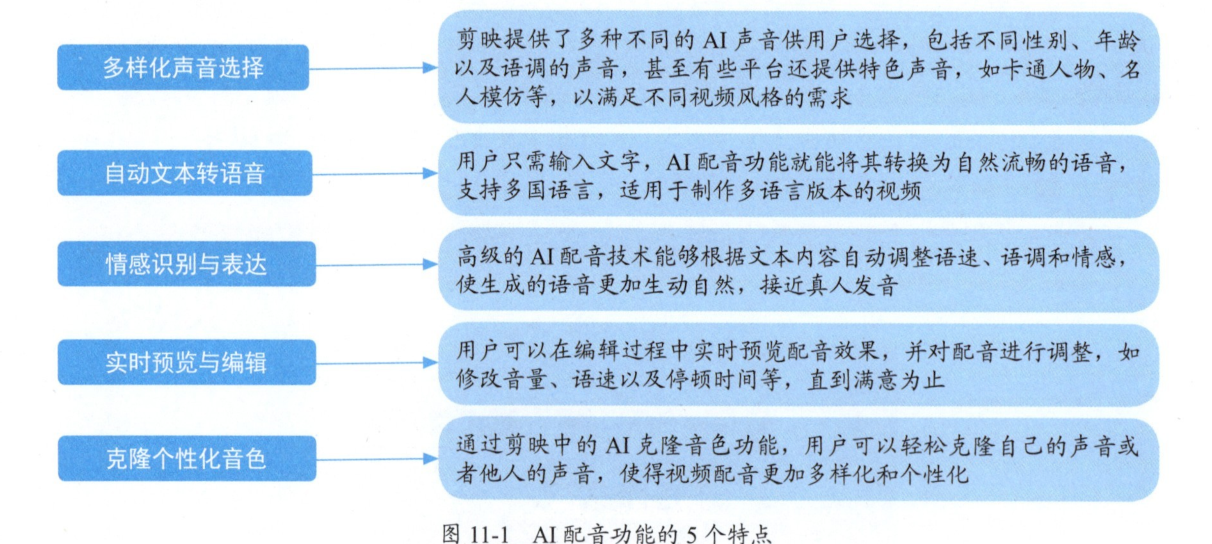

图 11-1　AI 配音功能的 5 个特点

11.1.2 剪映中的 AI 配音功能有什么作用

剪映 AI 配音功能可以帮助用户在制作视频时，无须自己录音或寻找专业配音人员，就能为视频添加高质量的语音解说，不仅简化了配音流程，还提高了配音的效率和质量。

在视频编辑、有声读物制作以及广告配音等领域，AI 配音功能为用户提供了极大的便利和创作空间。下面介绍剪映 AI 配音功能的 5 个作用，如图 11-2 所示。

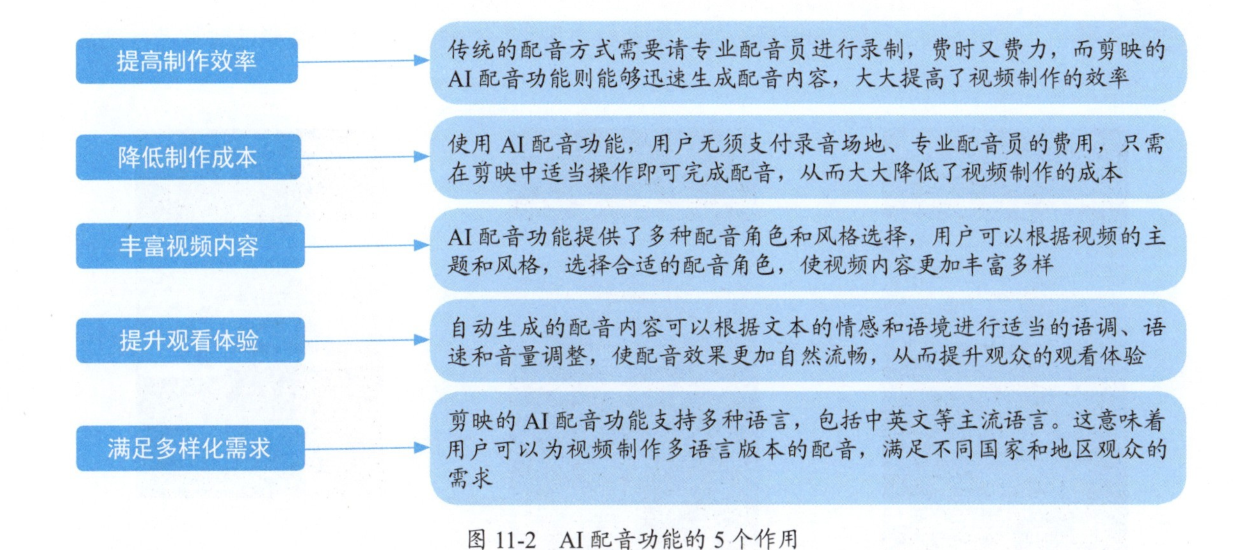

图 11-2　AI 配音功能的 5 个作用

11.2 掌握使用 AI 给文字配音的技巧

如果用户不想展示自己真实的声音，就可以使用 AI 给文字配音，有多种音色供用户选择，满足用户的不同需求，这种配音方式既简单又方便。本节将为读者介绍使用 AI 给文字配音的技巧。

11.2.1 学会生成纪录片解说声音效果

【效果展示】：纪录片解说声音效果适合用在一些客观性较强的视频中，像一些介绍类和说明类视频中，比如可以用来介绍景点，视频效果如图 11-3 所示。

图 11-3　效果展示

① 在剪映手机版中制作视频

下面介绍在剪映手机版中生成纪录片解说声音效果视频的操作方法。

扫码看教学

STEP 01 在剪映手机版中导入视频，点击“文字”按钮，如图 11-4 所示。

STEP 02 在弹出的二级工具栏中点击“新建文本”按钮，如图 11-5 所示。

STEP 03 ❶输入相应的文案；❷点击✓按钮，如图 11-6 所示。文案内容要根据视频的时长进行设置，字数不要过短，也不要过长。

图 11-4　点击“文字”按钮

图 11-5　点击“新建文本”按钮

图 11-6　点击✓按钮

STEP 04 生成字幕素材，点击“文本朗读”按钮，如图 11-7 所示。

STEP 05 弹出相应的面板，❶在“解说”选项卡中选择“纪录片解说”选项；❷点击✓按钮，如图 11-8 所示，确认操作。

STEP 06 生成配音音频之后，默认选择文本，❶点击“删除”按钮；❷点击“导出”按钮，如图 11-9 所示。

图 11-7　点击“文本朗读”按钮

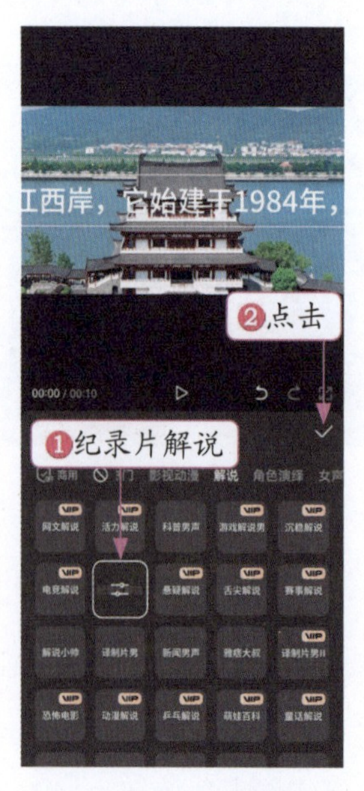

图 11-8　点击✓按钮

图 11-9　点击“导出”按钮

② 在剪映电脑版中制作视频

下面介绍在剪映电脑版中生成纪录片解说声音效果视频的操作方法。

扫码看教学

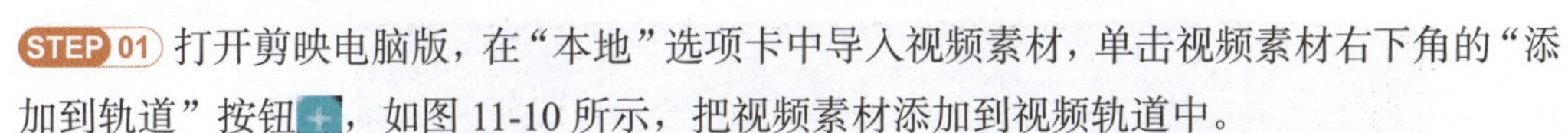

STEP 01 打开剪映电脑版，在“本地”选项卡中导入视频素材，单击视频素材右下角的“添加到轨道”按钮，如图 11-10 所示，把视频素材添加到视频轨道中。

STEP 02 为了添加文案，❶单击“文本”按钮，进入“文本”功能区；❷单击“默认文本”右下角的“添加到轨道”按钮，如图 11-11 所示，添加文本。

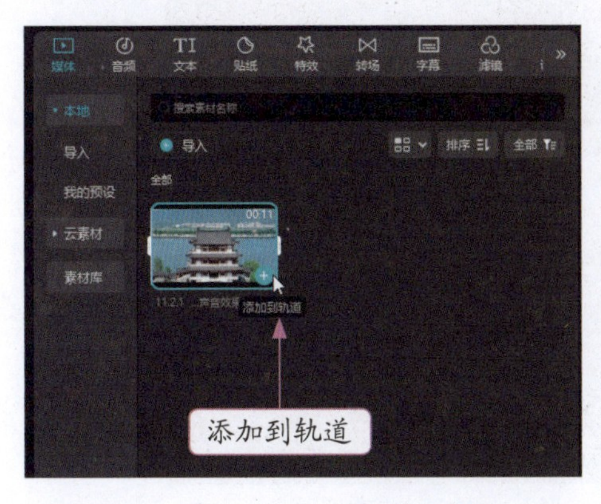

图 11-10 单击“添加到轨道”按钮（1）

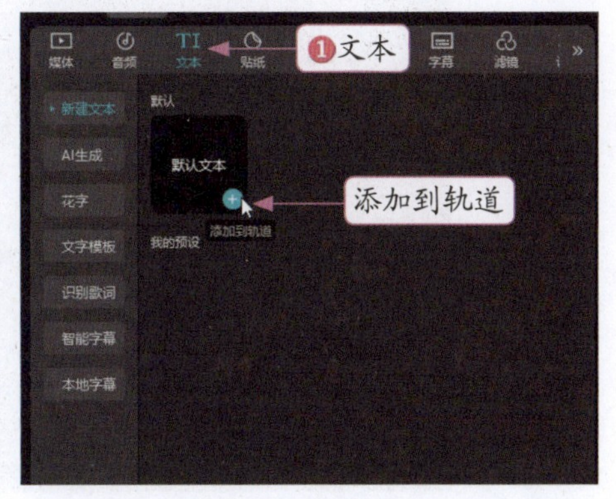

图 11-11 单击“添加到轨道”按钮（2）

STEP 03 在右上方的“文本”功能区中，输入文案，如图 11-12 所示。

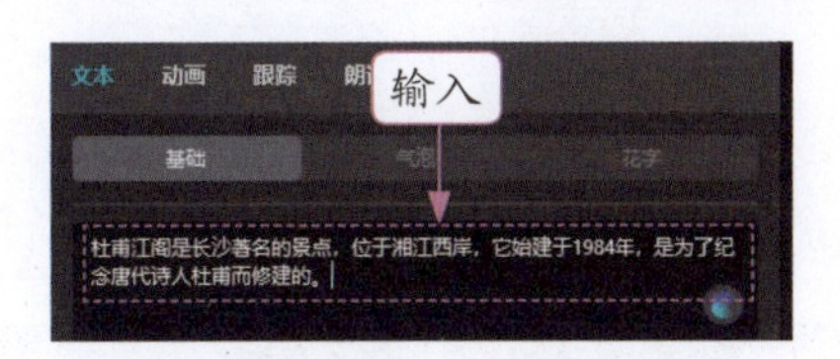

图 11-12 输入文案

STEP 04 ❶单击“朗读”按钮，进入“朗读”操作区；❷切换至“解说”选项卡；❸选择“纪录片解说”选项；❹单击“开始朗读”按钮，如图 11-13 所示。

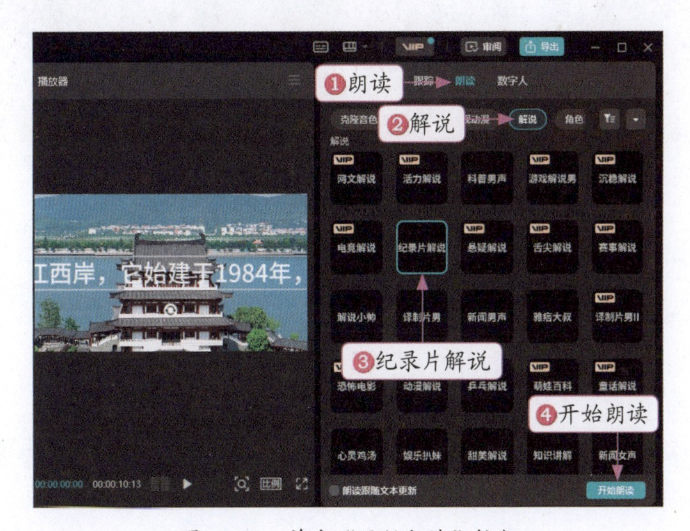

图 11-13 单击“开始朗读”按钮

STEP 05 ❶选择文本；❷单击“删除”按钮，如图 11-14 所示，删除文本，最后单击“导出”按钮，即可导出视频。

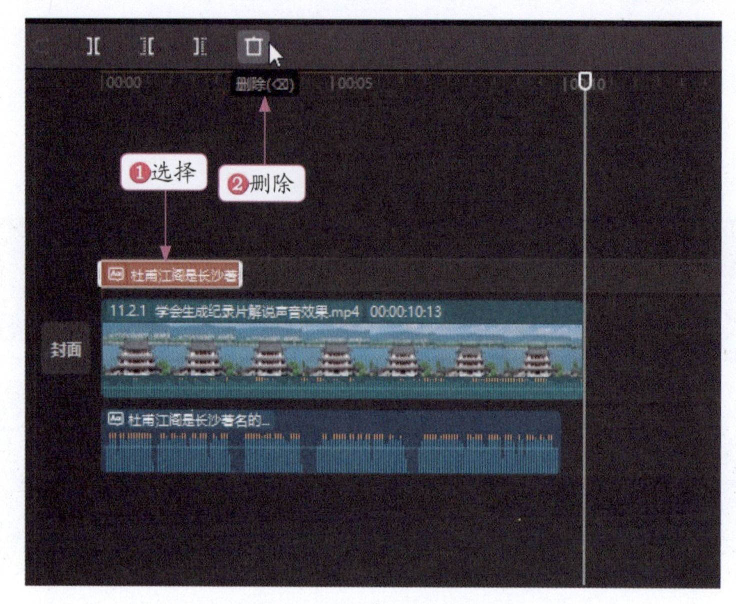

图 11-14 单击“删除”按钮

11.2.2 学会生成古风男主声音效果

【效果展示】：在生成古风男主声音效果的时候，需要注意素材的风格，要相互搭配。当音频语速过快的时候，可以用变速功能进行降速，视频效果如图 11-15 所示。

图 11-15 效果展示

❶ 在剪映手机版中制作视频

下面介绍在剪映手机版中生成古风男主声音效果视频的操作方法。

扫码看教学

STEP 01 在剪映手机版中导入视频，点击“文字”按钮，如图 11-16 所示。

STEP 02 在弹出的二级工具栏中点击“新建文本”按钮，如图 11-17 所示。

STEP 03 ❶输入相应的文案；❷点击✓按钮，如图 11-18 所示。文案中最好添加标点符号，进行断句，这样朗读出来的音频才能有语气停顿。

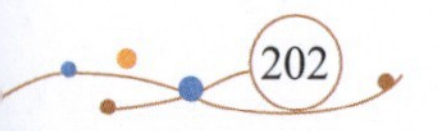

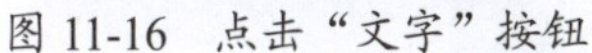

图 11-16　点击“文字”按钮

图 11-17　点击“新建文本”按钮

图 11-18　点击✓按钮

STEP 04 生成字幕素材，点击“文本朗读”按钮，如图 11-19 所示。

STEP 05 弹出相应的面板，①在“男声”选项卡中选择“古风男主”选项；②点击✓按钮，如图 11-20 所示，确认操作。

STEP 06 生成配音音频之后，点击“删除”按钮，如图 11-21 所示，删除字幕。

图 11-19　点击“文本朗读”按钮

图 11-20　点击✓按钮

图 11-21　点击“删除”按钮

STEP 07 点击“音频”按钮，①选择配音音频素材；②点击“变速”按钮，如图 11-22 所示。

STEP 08 弹出“变速”面板，❶设置参数为0.8x，减慢音频的播放速度；❷点击✓按钮，如图11-23所示，最后点击“导出”按钮，即可导出视频。

图11-22 点击“变速”按钮

图11-23 点击✓按钮

❷ 在剪映电脑版中制作视频

下面介绍在剪映电脑版中生成古风男主声音效果视频的操作方法。

扫码看教学

STEP 01 打开剪映电脑版，在“本地”选项卡中导入视频素材，为了添加文案，❶单击“文本”按钮，进入“文本”功能区；❷单击“默认文本”右下角的“添加到轨道”按钮+，如图11-24所示，添加文本。

STEP 02 在右上方的“文本”功能区中，输入文案，如图11-25所示。

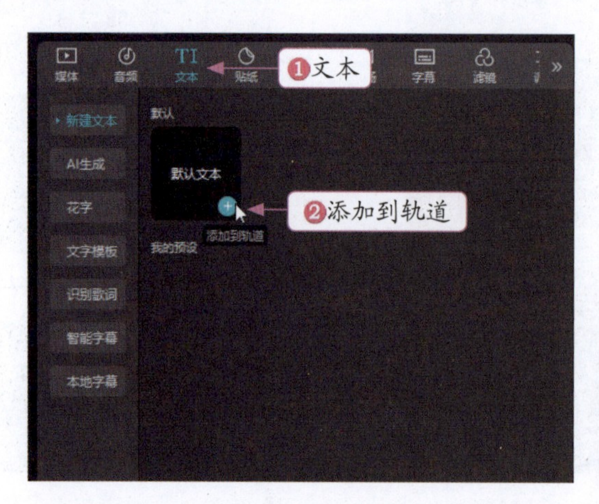

图11-24 单击“添加到轨道”按钮

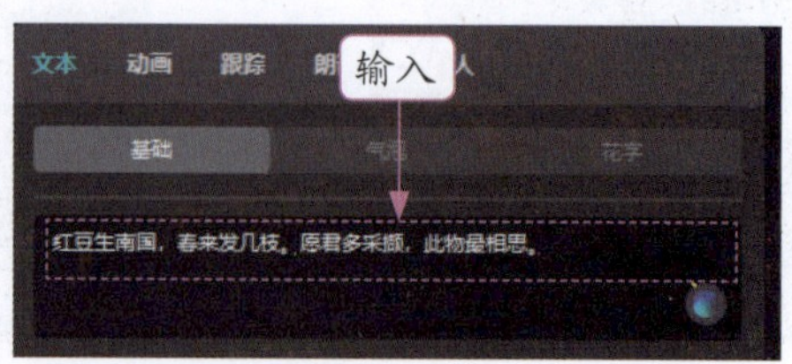

图11-25 输入文案

STEP 03 ❶单击“朗读”按钮，进入“朗读”操作区；❷切换至“男声”选项卡；❸选择“古风男主”选项；❹单击“开始朗读”按钮，如图11-26所示。

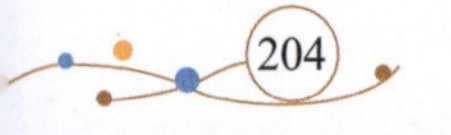

图 11-26 单击“开始朗读”按钮

STEP 04 稍等片刻，文本朗读成功，❶单击“变速”按钮，进入“变速”操作区；❷设置“倍数”为 0.8x，如图 11-27 所示。

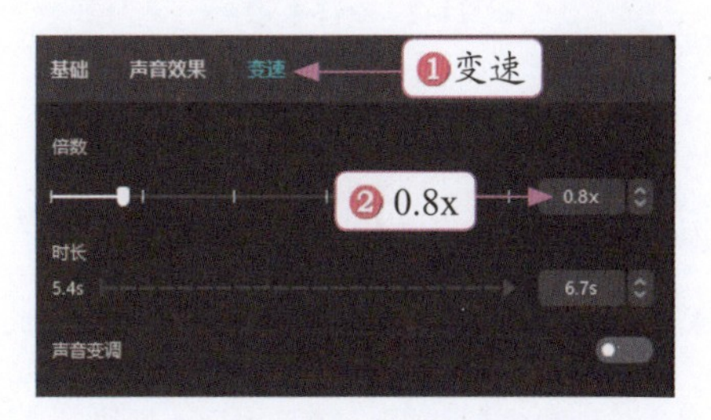

图 11-27 设置“倍数”为 0.8x

STEP 05 ❶选择文本；❷单击“删除”按钮，如图 11-28 所示，删除字幕，最后单击“导出”按钮，即可导出视频。

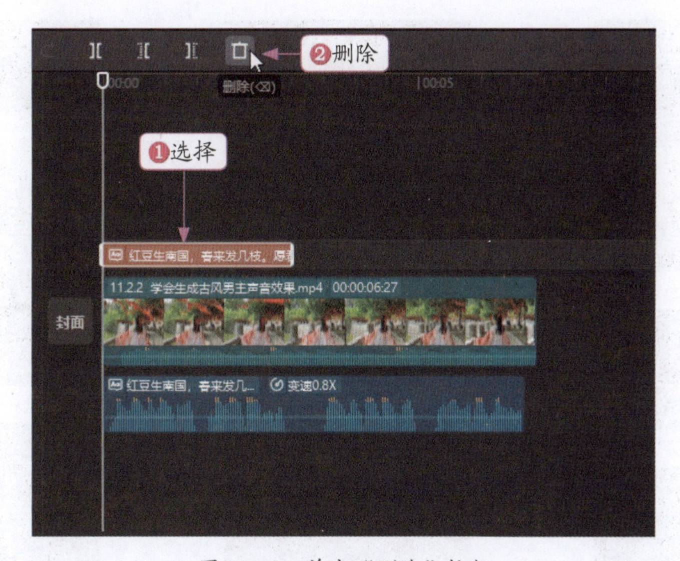

图 11-28 单击“删除”按钮

11.3 掌握使用 AI 进行音频处理的技巧

在剪映中，除了使用文字为视频配音外，还可以对音频进行直接的 AI 处理，例如，改变音色、添加场景音和使用 AI 实现声音成曲。本节将为读者介绍使用 AI 进行音频处理的方法。

11.3.1 学会使用 AI 改变音色效果

【效果展示】：如果对自己的原声音色不是很满意，或者想改变音频音色，就可以使用 AI 改变音频的音色，视频效果如图 11-29 所示。

图 11-29 效果展示

1 在剪映手机版中制作视频

下面介绍在剪映手机版中使用 AI 改变音色效果的操作方法。

扫码看教学

STEP 01 在剪映手机版中导入视频，❶选择视频；❷点击“音频分离”按钮，如图 11-30 所示，把音频素材分离出来。

STEP 02 ❶选择音频素材；❷点击“声音效果”按钮，如图 11-31 所示。

STEP 03 ❶在“音色”选项卡中选择“TVB 女声”选项；❷点击✓按钮，如图 11-32 所示，改变音频的音色效果。

图 11-30 点击“音频分离”按钮

图 11-31 点击“声音效果”按钮

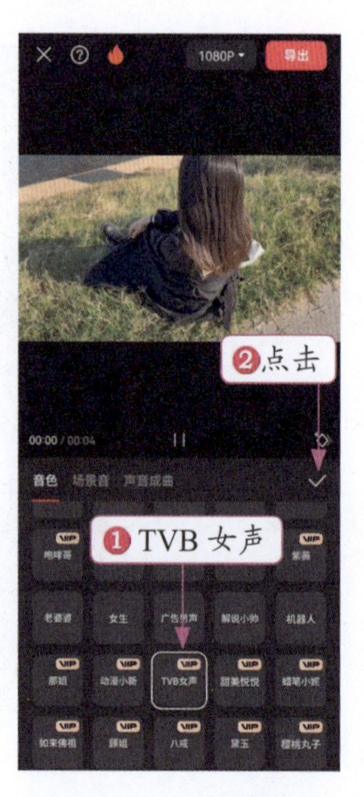

图 11-32 点击✓按钮

② 在剪映电脑版中制作视频

下面介绍在剪映电脑版中使用 AI 改变音色效果的操作方法。

STEP 01 打开剪映电脑版，在“本地”选项卡中导入视频素材，❶选择视频，单击鼠标右键，弹出快捷菜单；❷选择“分离音频”命令，如图 11-33 所示。

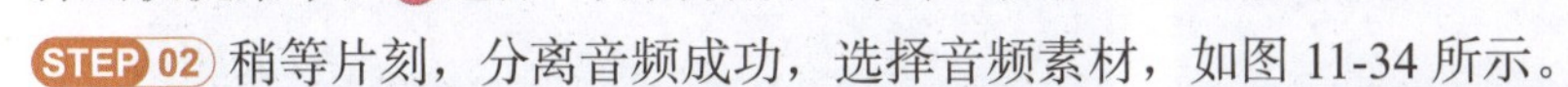

STEP 02 稍等片刻，分离音频成功，选择音频素材，如图 11-34 所示。

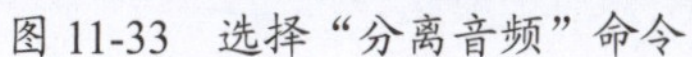

图 11-33　选择“分离音频”命令

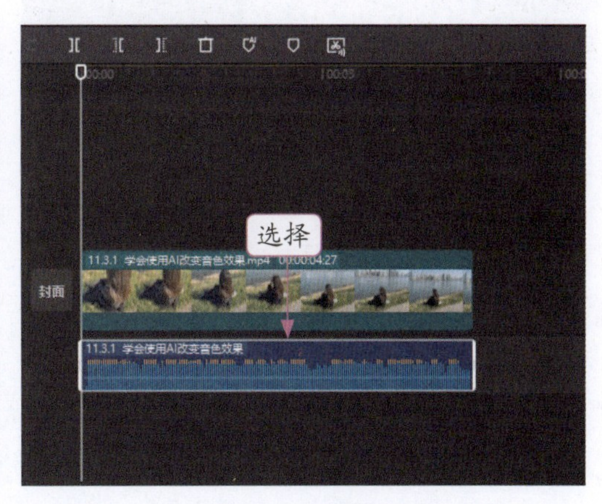

图 11-34　选择音频素材

STEP 03 ❶单击“声音效果”按钮，进入“声音效果”操作区；❷在“音色”选项卡中选择“TVB 女声”选项，改变音频的音色效果；❸单击“导出”按钮，如图 11-35 所示，即可导出视频。

图 11-35　单击“导出”按钮

11.3.2　学会添加 AI 场景音效果

【效果展示】：在剪映的“场景音”选项卡中，有许多的 AI 声音处理效果，本案例添加的是“空灵感”场景音，让音乐的立体声效果更加强烈，视频效果如图 11-36 所示。

图 11-36　效果展示

① 在剪映手机版中制作视频

下面介绍在剪映手机版中添加 AI 场景音效果的操作方法。

扫码看教学

STEP 01 在剪映手机版中导入视频，❶选择视频；❷点击“音频分离”按钮，如图 11-37 所示，把音频素材分离出来。

STEP 02 ❶选择音频素材；❷点击“声音效果”按钮，如图 11-38 所示。

STEP 03 ❶切换至“场景音”选项卡；❷选择“空灵感”选项；❸点击✓按钮，如图 11-39 所示，添加场景音效果。

图 11-37　点击“音频分离”按钮　　图 11-38　点击“声音效果”按钮　　图 11-39　点击✓按钮

② 在剪映电脑版中制作视频

下面介绍在剪映电脑版中添加 AI 场景音效果的操作方法。

扫码看教学

STEP 01 打开剪映电脑版，在“本地”选项卡中导入视频素材，❶选择视频，单击鼠标右键，弹出快捷菜单；❷选择“分离音频”命令，如图 11-40 所示。

STEP 02 稍等片刻，分离音频成功，选择音频素材，如图 11-41 所示。

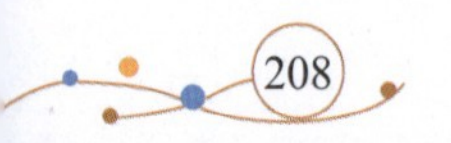

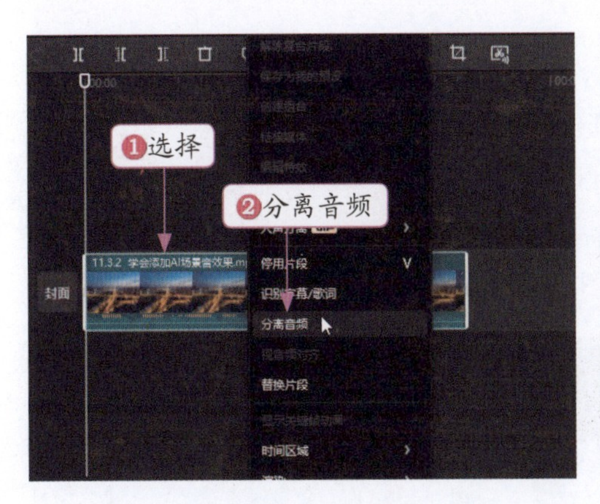

图 11-40　选择“分离音频”命令

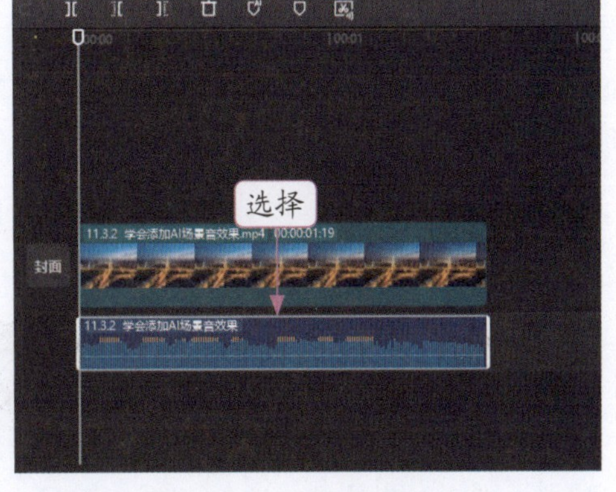

图 11-41　选择音频素材

STEP 03 ❶单击“声音效果”按钮，进入“声音效果”操作区；❷在“场景音”选项卡中选择“空灵感”选项，改变音频的场景音效果；❸单击“导出”按钮，如图 11-42 所示。

图 11-42　单击“导出”按钮

11.3.3　学会使用 AI 实现声音成曲

【效果展示】：在剪映中，一段简单的音频对白，可以使用声音成曲功能，制作成为歌曲，不过这些歌曲形式是偏说唱风格的，视频效果如图 11-43 所示。

图 11-43　效果展示

1 在剪映手机版中制作视频

下面介绍在剪映手机版中使用 AI 实现声音成曲的操作方法。

STEP 01 在剪映手机版中导入视频，点击“文字”按钮，如图 11-44 所示。

STEP 02 在弹出的二级工具栏中点击“新建文本”按钮，如图 11-45 所示。

STEP 03 ❶输入相应的文案；❷点击✓按钮，如图 11-46 所示。

图 11-44 点击“文字”按钮

图 11-45 点击“新建文本”按钮

图 11-46 点击✓按钮

STEP 04 生成字幕素材，点击“文本朗读”按钮，如图 11-47 所示。

STEP 05 弹出相应的面板，❶在“女声”选项卡中选择“知性女声”选项；❷点击✓按钮，如图 11-48 所示，确认操作。

STEP 06 生成配音音频之后，点击“删除”按钮，如图 11-49 所示，删除字幕。

图 11-47 点击“文本朗读”按钮

图 11-48 点击✓按钮

图 11-49 点击“删除”按钮

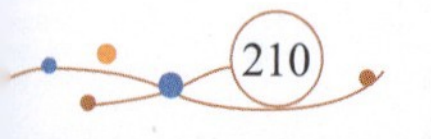

STEP 07 ❶选择音频素材；❷点击“声音效果”按钮，如图 11-50 所示。

STEP 08 ❶切换至“声音成曲”选项卡；❷选择“嘻哈”选项；❸点击✓按钮，如图 11-51 所示，让声音变成音乐。

图 11-50 点击“声音效果”按钮

图 11-51 点击✓按钮

专家指点

“声音成曲”功能目前仅支持时长为 5 ～ 60s 的音频应用，所以用户在使用“声音成曲”功能时，需要注意控制音频的时长。

2 在剪映电脑版中制作视频

下面介绍在剪映电脑版中使用 AI 实现声音成曲的操作方法。

STEP 01 打开剪映电脑版，在“本地”选项卡中导入视频素材，单击视频素材右下角的“添加到轨道”按钮＋，如图 11-52 所示，把视频素材添加到视频轨道中。

STEP 02 为了添加文案，❶单击“文本”按钮，进入“文本”功能区；❷单击“默认文本”右下角的“添加到轨道”按钮＋，如图 11-53 所示，添加文本。

图 11-52 单击“添加到轨道”按钮（1）

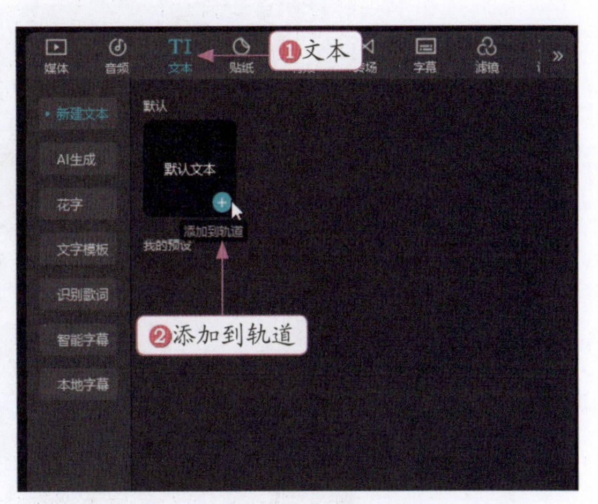

图 11-53 单击“添加到轨道”按钮（2）

STEP 03 在右上方的“文本”功能区中，输入文案，如图 11-54 所示。

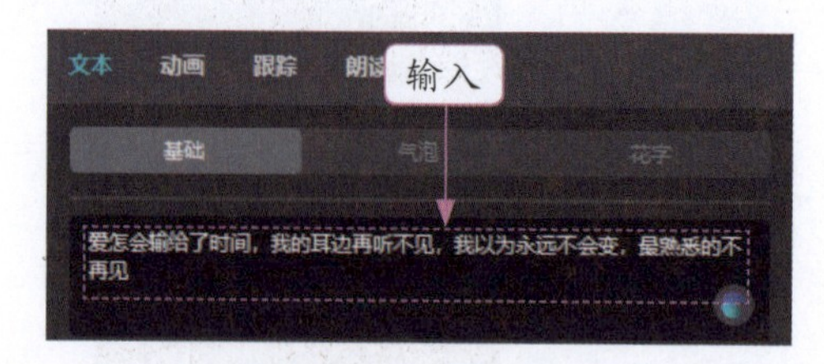

图 11-54　输入文案

STEP 04 ❶单击“朗读”按钮，进入“朗读”操作区；❷切换至“女声”选项卡；❸选择“知性女声”选项；❹单击“开始朗读”按钮，如图 11-55 所示。

图 11-55　单击“开始朗读”按钮

STEP 05 ❶选择文本；❷单击“删除”按钮，如图 11-56 所示，删除字幕。

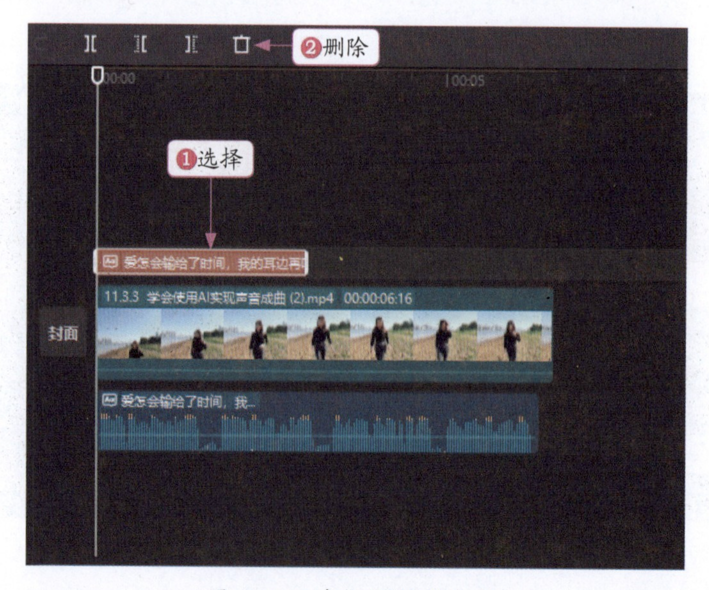

图 11-56　单击“删除”按钮

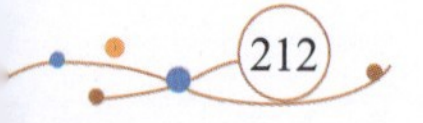

STEP 06 选择轨道中的音频素材，进入“音频”操作区，❶切换至“声音效果”选项卡；❷在“声音成曲”选项卡中选择“嘻哈”选项，改变音频的效果；❸单击“导出”按钮，如图 11-57 所示。

图 11-57　单击“导出”按钮

11.4　掌握 AI 编辑人声功能

剪映中的 AI 功能可以智能地处理视频中的音频，提升音效处理的时间和效率。本节将介绍 AI 编辑人声的技巧，不过部分功能需要开通剪映会员才能使用。

11.4.1　学会智能人声分离

【效果展示】：如果视频中的音频同时有人声和背景音，我们可以使用人声分离功能，仅保留人声或者背景音，从而满足用户的声音创作需求，视频效果如图 11-58 所示。

图 11-58　效果展示

❶ 在剪映手机版中制作视频

扫码看教学

下面介绍在剪映手机版中使用智能人声分离功能制作视频的操作方法。

STEP 01 在剪映手机版中导入视频，❶选择视频素材；❷点击“人声分离”按钮，如图 11-59 所示。

STEP 02 弹出“人声分离”面板，❶选择“仅保留人声”选项；❷点击✓按钮，把音频中的背景音进行分离并删除，如图 11-60 所示。

图 11-59　点击“人声分离”按钮

图 11-60　点击✓按钮

❷ 在剪映电脑版中制作视频

下面介绍在剪映电脑版中使用智能人声分离功能制作视频的操作方法。

扫码看教学

STEP 01 打开剪映电脑版，在“本地”选项卡中导入视频素材，单击视频素材右下角的“添加到轨道”按钮+，如图 11-61 所示。

STEP 02 把视频素材添加到视频轨道中，如图 11-62 所示。

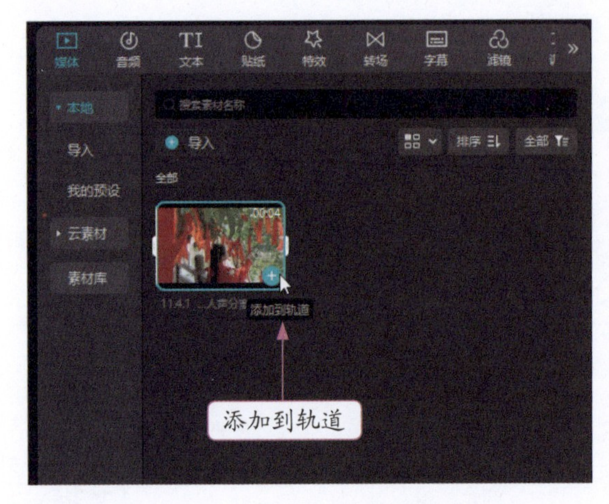

图 11-61　单击“添加到轨道”按钮

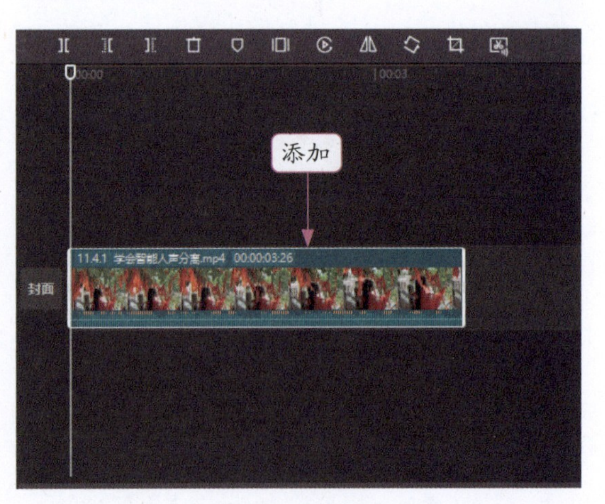

图 11-62　把视频素材添加到视频轨道中

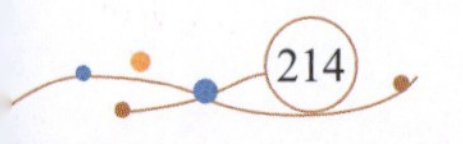

STEP 03 ❶单击“音频”按钮，进入“音频”操作区；❷选中“人声分离”复选框；❸选择“仅保留人声”选项，把音频中的背景音进行分离并删除，如图 11-63 所示。

图 11-63 选择“仅保留人声”选项

专家指点

“人声分离”功能需要开通剪映会员才能使用，该功能有两种模式：“仅保留背景声”和“仅保留人声”，用户可以根据自己的需求选择合适的分离模式。

11.4.2 学会智能人声美化

【效果展示】：在剪映中，可以对视频中的人声进行美化处理。本案例主要是让男生的声音变得更有磁性，视频效果如图 11-64 所示。

图 11-64 效果展示

❶ 在剪映手机版中制作视频

下面介绍在剪映手机版中使用智能人声美化功能制作视频的操作方法。

STEP 01 在剪映手机版中导入视频，❶选择视频素材；❷点击“人声美化”按钮，如图 11-65 所示。

STEP 02 进入“人声美化”面板，❶开启“人声美化”功能；❷点击✓按钮，如图 11-66 所示，最后点击“导出”按钮，即可导出视频。

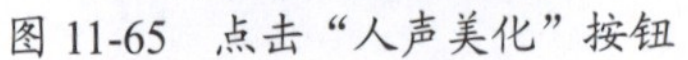

图 11-65 点击“人声美化”按钮　　图 11-66 点击✓按钮

② 在剪映电脑版中制作视频

下面介绍在剪映电脑版中使用智能人声美化功能制作视频的操作方法。

扫码看教学

打开剪映电脑版，把“本地”选项卡中的视频素材添加到视频轨道中，❶单击“音频”按钮，进入“音频”操作区；❷选中“人声美化”复选框，稍等片刻，即可美化视频中的人声，如图 11-67 所示。

图 11-67 选中“人声美化”复选框

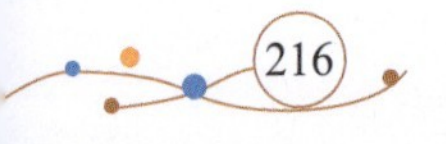